大学院入試徹底対策テキスト

制御工学

森　泰親 著

コ ロ ナ 社

まえがき

大学院を受験しようと入試課に問い合わせると，過去2，3年分の試験問題を入手できることがある。その過去問は，いままでに見たこともない姿をしており，驚きと不安が襲ってくる。

これまで，学部の授業で制御工学を履修したときは，小テストがあり，期末試験があった。小テストは，直近の3週間に習ったごく限られた範囲から出題され，問題はきわめてシンプルである。また，期末試験では，ブロック線図の等価変換，定常偏差の計算，ラウス・フルビッツの安定判別，対角正準形への変換など，テーマごとの問題が数題出される。すなわち，おたがいが完全に独立した問題であり，著者は7問中5問を選択して解答する方式を取っていた。よい点を取ってもらうための策である。

しかし，大学院入試問題はそうではない。テーマを融合した出し方をする。また，一つの問題の中に小問が数題あり関連しているので，早い段階で間違うとそれ以降の苦労が無駄になってしまう。例えば，システムの動特性を式表現し，それをラプラス変換して制御系全体のブロック線図を構成したのち，等価変換して伝達関数を見つけ，ステップ応答と定常偏差，安定度を計算するといった具合である。

それぞれのテーマをしっかりと身に付けておけば恐れることはない。ただ，そのような問題に取り組んだ経験がないために焦ってしまうのである。ならば，経験を積むためにと生まれたのが本書である。

本書は，「実際の過去問」をわかりやすく丁寧に解いている。また，必要に応じて「さらに詳しく」のコーナーを設けて詳しい解説をしている。多くの本が，詳しい解説のあとに章末問題を解いて理解度のチェックをするのとまったく逆の構成である。大学院を目指す受験生のために書かれた本ではあるが，社会人になって制御工学を復習したい人，力試しをしたい人にも重宝される一冊に仕上がっている。

なお，本書の執筆にあたり，過去の大学院入試問題の転載をご許諾いただいた，北海道大学，東京工業大学，電気通信大学，名古屋工業大学，大阪大学，徳島大学（掲載順）の各大学院に改めて御礼申し上げます。

2021 年 10 月

森　泰親

目　次

大阪大学大学院 工学研究科 博士前期課程 電気電子情報通信工学専攻 電気工学コース

徳島大学大学院 先端技術科学教育部 博士前期課程 知的力学システム工学専攻 機械創造システム工学コース

北海道大学大学院 工学院 修士課程

機械宇宙工学専攻
機械・宇宙航空工学系研究室群

■ 令和2年度入試 （令和元年8月実施問題　抜粋）

試験問題　（機械力学・制御工学）

問2　次式の伝達関数で表されるシステムについて考える．

$$\frac{Y(s)}{U(s)} = \frac{s+5}{s^2+2s+401} \tag{i}$$

ここで，s はラプラス演算子，$Y(s)$ は出力 $y(t)$ のラプラス変換，$U(s)$ は入力 $u(t)$ のラプラス変換である．以下の設問に答えなさい．

（1）　式(i)の系の極を求め，系の安定性について述べなさい．そして，系が安定の場合，その極配置から出力の応答性について説明しなさい．

（2）　$u(t)$ が単位インパルス入力のとき，出力 $y(t)$ を求めなさい．

（3）　式(i)を状態方程式で記述することを考える．そこで，時間関数 $w(t)$ のラプラス変換 $W(s)$ を導入し，$Y(s)/U(s)$ を次式のように分解する．

$$\frac{Y(s)}{U(s)} = \frac{W(s)}{U(s)}\frac{Y(s)}{W(s)} \tag{ii}$$

ここで，$W(s)/U(s)$ と $Y(s)/W(s)$ は次式で与えられ，このとき式(i)が成り立つ．

$$\frac{W(s)}{U(s)} = \frac{1}{s^2+2s+401} \tag{iii}$$

$$\frac{Y(s)}{W(s)} = s + 5 \tag{iv}$$

式(iii) から $w(t)$ と $u(t)$ の関係式，式(iv) から $y(t)$ と $w(t)$ の関係式を求めなさい．

（4） 状態ベクトルを $x_1 = w(t)$，$x_2 = \dot{w}(t)$ で構成し，式(iii) および式(iv) をそれぞれ状態方程式，出力方程式として表しなさい．ただし，$\dot{w}(t)$ は $w(t)$ の時間微分を表す．また，ここで得られた状態方程式は可制御正準形と呼ばれる．

（5） 上問（4）で求められた状態方程式に対し，状態フィードバック $u(t) = -[f_1 \quad f_2]\begin{Bmatrix} x_1(t) \\ x_2(t) \end{Bmatrix}$ を適用する．閉ループ系の極を $(-30 + j50)$ と $(-30 - j50)$ に配置するフィードバックゲイン $[f_1 \quad f_2]$ を求めなさい．

(6) 上問（5）の状態フィードバックにより，系の特性がどのように変化したか，説明しなさい．

問 2　解答

(1)

伝達関数

$$\frac{Y(s)}{U(s)} = \frac{s + 5}{s^2 + 2s + 401} \tag{A1.1}$$

で表される系の極は

$$s^2 + 2s + 401 = 0 \tag{A1.2}$$

を解いて，$\lambda_{1,2} = -1 \pm j20$ と得られる。

系は安定ではあるが，出力は振動が激しく収束の悪い応答となる。

さらに詳しく

二次遅れ要素の標準形は

$$G(s) = \frac{{\omega_n}^2}{s^2 + 2\zeta\omega_n s + {\omega_n}^2} \tag{A1.3}$$

で与えられる。ここで，$\omega_n > 0$ を固有角周波数，$\zeta \geq 0$ を減衰係数という。特性方程式は

$$s^2 + 2\zeta\omega_n s + \omega_n{}^2 = 0 \tag{A1.4}$$

であり，その判別式

$$D = (2\zeta\omega_n)^2 - 4\omega_n{}^2 = 4\omega_n{}^2(\zeta^2 - 1) \tag{A1.5}$$

から，$0 < \zeta < 1$ のとき特性根は共役複素数

$$\lambda_{1,2} = -\zeta\omega_n \pm j\omega_n\sqrt{1-\zeta^2} \tag{A1.6}$$

となる。

また，単位ステップ応答 $y(t)$ は

$$y(t) = 1 - \frac{1}{\sqrt{1-\zeta^2}} e^{-\zeta\omega_n t} \sin(\omega_n\sqrt{1-\zeta^2}\,t + \varphi) \tag{A1.7}$$

となる。ここで

$$\varphi = \tan^{-1}\frac{\sqrt{1-\zeta^2}}{\zeta} \tag{A1.8}$$

である。このとき，特性根を式(A1.6)に代えて

$$\lambda_{1,2} = -\alpha \pm j\beta \tag{A1.9}$$

とおけば，式(A1.7)は

$$y(t) = 1 - \frac{1}{\sqrt{1-\zeta^2}} e^{-\alpha t} \sin(\beta t + \varphi) \tag{A1.10}$$

となる。すなわち，特性根の実部は収束項 $e^{-\alpha t}$，虚部は振動項 $\sin\beta t$ にそれぞれ別々に寄与していることがわかる。

極の複素平面上での位置とステップ応答の関係を**図 A.1** に示す。虚軸上は持続振動する安定限界となり，左半平面が安定，右半平面が不安定となる。左半平面において虚軸から遠くになるほど収束がよくなる。また，実軸上は振動せずに単調に増加し，実軸から離れると振動する。実軸から遠くになるほど振動が激しくなる。

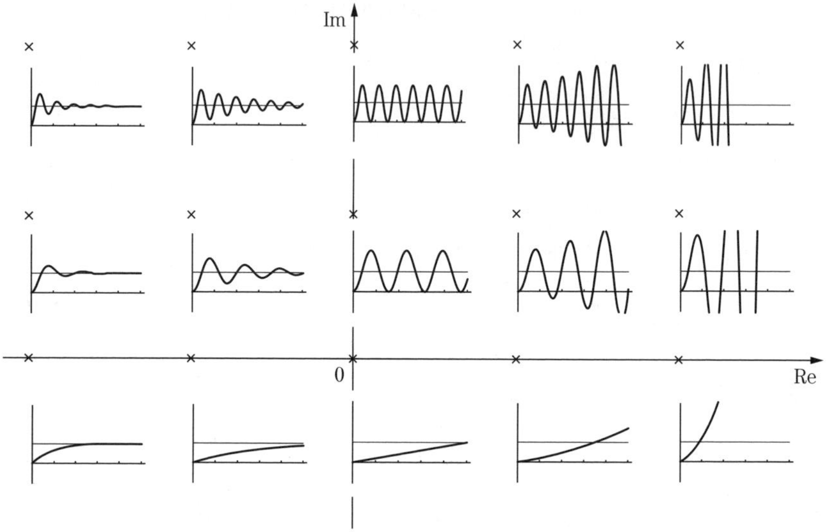

図 A.1

(2)

入力が単位インパルスなので，出力 $Y(s)$ は

$$Y(s)=\frac{s+5}{s^2+2s+401}U(s)=\frac{s+5}{s^2+2s+401}\cdot 1 \tag{A1.11}$$

で与えられる。式(A1.11) はつぎのように変形することができる。

$$\begin{aligned}Y(s)&=\frac{s+5}{s^2+2s+401}=\frac{(s+1)+4}{(s+1)^2+20^2}\\&=\frac{(s+1)}{(s+1)^2+20^2}+\frac{4}{20}\times\frac{20}{(s+1)^2+20^2}\end{aligned} \tag{A1.12}$$

式(A1.12) を逆ラプラス変換して

$$\begin{aligned}y(t)&=\mathcal{L}^{-1}[Y(s)]\\&=\mathcal{L}^{-1}\left[\frac{(s+1)}{(s+1)^2+20^2}+\frac{1}{5}\times\frac{20}{(s+1)^2+20^2}\right]\\&=\underline{\underline{e^{-t}\cos 20t+\frac{1}{5}e^{-t}\sin 20t}}\end{aligned} \tag{A1.13}$$

となる。

（3）

与式

$$\frac{W(s)}{U(s)}=\frac{1}{s^2+2s+401} \tag{A1.14}$$

の分母を払うと

$$(s^2+2s+401)W(s)=U(s) \tag{A1.15}$$

となる。式(A1.15) を逆ラプラス変換して

$$\ddot{w}(t)+2\dot{w}(t)+401w(t)=u(t) \tag{A1.16}$$

を得る。同様に

$$\frac{Y(s)}{W(s)}=s+5 \tag{A1.17}$$

を逆ラプラス変換すると次式となる。

$$y(t)=\dot{w}(t)+5w(t) \tag{A1.18}$$

（4）

与式

$$w(t)=x_1(t) \tag{A1.19}$$

$$\dot{w}(t)=x_2(t) \tag{A1.20}$$

から

$$\ddot{w}(t)=\dot{x}_2(t) \tag{A1.21}$$

$$\dot{x}_1(t)=x_2(t) \tag{A1.22}$$

であることがすぐわかる。式(A1.19) から式(A1.21) を式(A1.16) に代入する。

$$\dot{x}_2(t)+2x_2(t)+401x_1(t)=u(t)$$

$$\therefore\quad \dot{x}_2(t)=-401x_1(t)-2x_2(t)+u(t) \tag{A1.23}$$

式(A1.22) と式(A1.23) をまとめて，状態方程式はつぎのようになる。

$$\begin{bmatrix}\dot{x}_1(t)\\ \dot{x}_2(t)\end{bmatrix}=\begin{bmatrix}0 & 1\\ -401 & -2\end{bmatrix}\begin{bmatrix}x_1(t)\\ x_2(t)\end{bmatrix}+\begin{bmatrix}0\\ 1\end{bmatrix}u(t) \tag{A1.24}$$

同様に，式(A1.18) は

$$y(t)=x_2(t)+5x_1(t) \tag{A1.25}$$

と書くことができるので，出力方程式は次式となる。

$$y(t)=[5 \quad 1]\begin{bmatrix}x_1(t)\\x_2(t)\end{bmatrix} \tag{A1.26}$$

(5)

システムが可制御正準形で表現されているとき，極配置は簡単である。まず，つぎのようにシステム自体の特性多項式 $P_o(s)$ と閉ループ系の所望の特性方程式 $P_d(s)$ を準備する。

$$P_o(s)=s^2+a_1s+a_0=s^2+2s+401 \tag{A1.27}$$

$$\begin{aligned}P_d(s)&=s^2+d_1s+d_0\\&=(s+30-j50)(s+30+j50)\\&=s^2+60s+3\,400\end{aligned} \tag{A1.28}$$

フィードバック係数 f_1，f_2 は，次式で与えられる。

$$f_1=d_0-a_0=3\,400-401=2\,999 \tag{A1.29}$$

$$f_2=d_1-a_1=60-2=58 \tag{A1.30}$$

したがって

$$[f_1 \quad f_2]=[2\,999 \quad 58] \tag{A1.31}$$

である。

(6)

応答性を評価するにあたり，速応性と振動減衰性で評価する方法がある。二次遅れ要素の標準形

$$G(s)=\frac{K{\omega_n}^2}{s^2+2\zeta\omega_n s+{\omega_n}^2} \tag{A1.32}$$

において，ω_n を固有角周波数，ζ を減衰係数という。二次遅れ要素の標準形の特性方程式

$$s^2+2\zeta\omega_n s+{\omega_n}^2=0 \tag{A1.33}$$

とシステム自体の特性方程式

$$s^2+2s+401=0 \tag{A1.2 再掲}$$

を比較することで

$$\omega_n=20.0\ \text{〔rad/s〕},\quad \zeta=0.05 \tag{A1.34}$$

となる。一方，閉ループ系の特性方程式は

$$s^2+60s+3\,400=0 \qquad \text{(A1.35)}$$

であるから

$$\omega_n=58.3\ \text{〔rad/s〕},\quad \zeta=0.515 \qquad \text{(A1.36)}$$

と求められる。

つぎの「さらに詳しく」から，固有角周波数 ω_n の値が大きいほうが応答が速い，また，減衰係数 ζ もその値が大きいほうが振動の減衰性がよいことがわかる。式(A1.34) と式(A1.36) を比べると，どちらの指標もシステム自体よりも閉ループ系のほうが優れていると判定される。

さらに詳しく

二次遅れ要素の標準形において，$\zeta=0.2$ のもとで，ω_n を変えてステップ応答を計算した結果を**図 A.2** に示す。

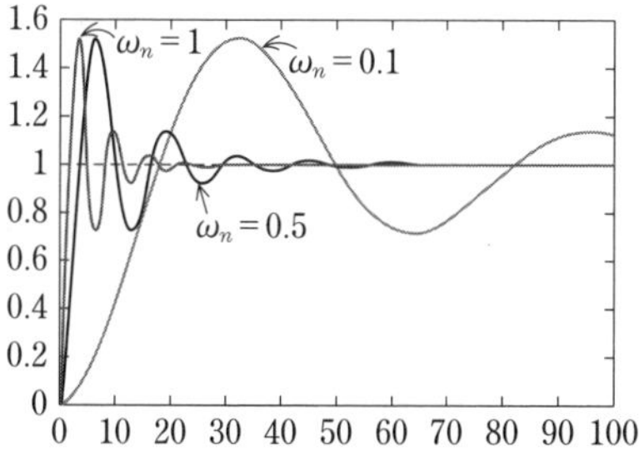

図 A.2

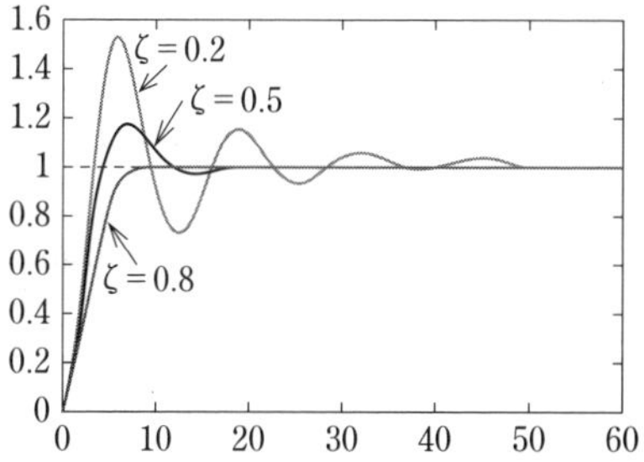

図 A.3

ω_n の値が大きくなると，応答が速くなることがわかる。このときのオーバーシュート量，振動は，ζ が一定であることから同じで，時間軸を調整することで 3 本の波形は 1 本に重なる。

つぎに，$\omega_n=0.5$〔rad/s〕のもとで，ζ を変えてステップ応答を計算した結果を**図 A.3** に示す。

立ち上がりはほぼ同じで，ζ の値が小さくなると，オーバーシュート量，振動ともに激しくなることがわかる。

北海道大学大学院 工学院 修士課程

機械宇宙工学専攻
機械・宇宙航空工学系研究室群

■ 平成 31 年度入試 （平成 30 年 8 月実施問題　抜粋）

試験問題 （機械力学・制御工学）

問 2 以下の問いに答えなさい.

（1） **図 1**，**図 2** のブロック線図に示すシステムにおいて，$P(s) = \dfrac{10}{s+10}$，$C_1(s)$ は PI 補償器，また $C_2(s)$ は制御器である．このとき，以下の問いに答えなさい.

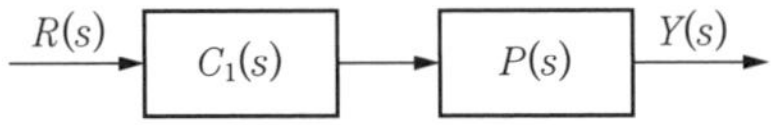

図 1：開ループ制御系

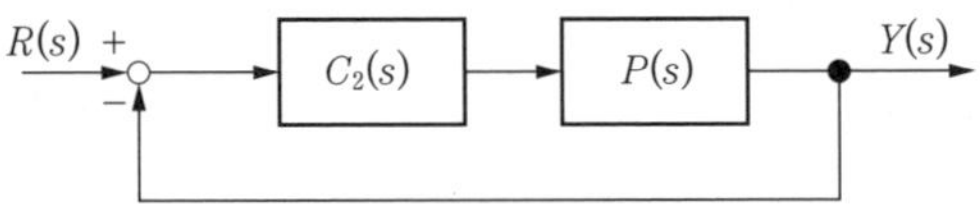

図 2：閉ループ制御系

(1–1) PI 補償器 $C_1(s)$ を比例ゲイン K_P および積分ゲイン K_I を用いて表しなさい.

(1–2) 図 1 に示す開ループ制御系の伝達関数 $G_0(s)$ を求めなさい.

(1–3) PI 補償器のゲインを $K_P = 10$，$K_I = 1$ とする．このとき，(1–2) で求めた伝達関数 $G_0(s)$ のボード線図を折れ線近似によって描きなさい．ただし周波数の範囲を 0.01〜10000 rad/s としなさい．

(1–4)　図2に示すシステムについて，目標値を単位ステップ関数とする．このとき，$C_2(s)$ で示される制御器を ① P 制御，② PID 制御としたときの定常状態における誤差をそれぞれ求めなさい．また，定常誤差が発生する場合，その誤差を小さくするためにはどうしたらよいか，それぞれ答えなさい．なお，比例ゲイン K_P，積分ゲイン K_I，微分ゲイン K_D を用いること．

（2）　式(i)の状態方程式で示されるシステムについて，以下の問いに答えなさい．

$$\begin{cases} \dot{\boldsymbol{x}} = \begin{bmatrix} 0 & 1 \\ -6 & -5 \end{bmatrix}\boldsymbol{x} + \begin{bmatrix} 0 \\ 30 \end{bmatrix}u \\ y = \begin{bmatrix} 0 & 1 \end{bmatrix}\boldsymbol{x} \end{cases} \tag{i}$$

(2–1)　入力 u と出力 y の間の伝達関数を求めなさい．

(2–2)　このシステムの極を求め，システムの安定性について述べなさい．

(2–3)　状態フィードバックによって，システムの収束をより早くする閉ループ系の極を以下から選択し，そのときの制御入力（フィードバックゲイン）を求めなさい．

(a)　$(-5, -6)$　　(b)　$(-0.5, -1.5)$

（3）　**図3**のブロック線図について，以下の問いに答えなさい．

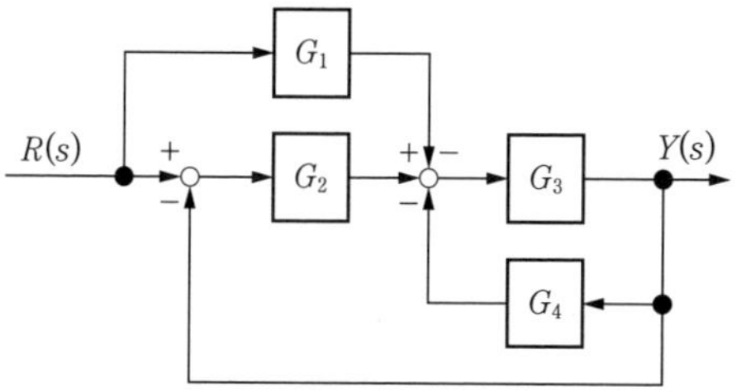

図3：フィードバック・フィードフォワード制御系

(3–1)　$R(s)-Y(s)$ 間の伝達関数を求めなさい．ただし $R(s)$，$Y(s)$ はそれぞれ目標値と出力をラプラス変換したものである．

(3–2)　$G_1(s)=-10$，$G_3(s)=\frac{1}{s^2}$，$G_4(s)=s+2$ とする．さらに $G_2(s)$ は PI 補償器であり，積分ゲイン $K_I=5$ とする．このとき，制御系が安定であるための比例ゲイン K_P の範囲を求めなさい．

問 2–(1)　解答

(1–1)

PI 補償器の伝達関数は次式で記述される。

$$C_1(s)=K_P+\frac{K_I}{s} \tag{A1.1}$$

さらに詳しく

制御偏差 $e(t)$ を目標値 $r(t)$ と制御量 $y(t)$ の差

$$e(t)=r(t)-y(t) \tag{A1.2}$$

で定義する。このとき，$e(t)$ に比例する量と $e(t)$ を積分した量の和を操作量 $u(t)$ とする制御法を PI 制御という。式で表現すれば

$$u(t)=K_Pe(t)+K_I\int_0^t e(\tau)d\tau \tag{A1.3}$$

であり，定数 K_P を比例ゲイン，定数 K_I を積分ゲインという。

また，式(A1.3) の右辺全体の係数として比例ゲイン K_P をくくりだすために，積分ゲインを $K_I=K_P/T_I$ で表して

$$u(t)=K_P\left(e(t)+\frac{1}{T_I}\int_0^t e(\tau)d\tau\right) \tag{A1.4}$$

と表すことも多い。ここで，定数 T_I を積分時間という。PI 制御を伝達関数で表現すれば

$$\frac{U(s)}{E(s)}=K_P+\frac{K_I}{s} \tag{A1.5}$$

または

$$\frac{U(s)}{E(s)}=K_P\left(1+\frac{1}{T_I s}\right) \tag{A1.6}$$

と表される。

同様にPID制御は

$$u(t)=K_P e(t)+K_I\int_0^t e(\tau)d\tau+K_D\frac{de(t)}{dt} \tag{A1.7}$$

もしくは

$$u(t)=K_P\left(e(t)+\frac{1}{T_I}\int_0^t e(\tau)d\tau+T_D\frac{de(t)}{dt}\right) \tag{A1.8}$$

で表され，$e(t)$ の微分の項が追加されていることが確認できる。ここで，定数 K_D を微分ゲイン，定数 T_D を微分時間という。PID制御を伝達関数で表現すれば

$$\frac{U(s)}{E(s)}=\left(K_P+\frac{K_I}{s}+K_D s\right) \tag{A1.9}$$

および，つぎのようになる。

$$\frac{U(s)}{E(s)}=K_P\left(1+\frac{1}{T_I s}+T_D s\right) \tag{A1.10}$$

(1–2)

制御対象

$$P(s)=\frac{10}{s+10} \tag{A1.11}$$

とPI補償器 $C_1(s)$ は直列に結合されている。したがって，開ループ制御系の伝達関数 $G_0(s)$ はつぎのように求められる。

$$G_0(s)=\left(K_P+\frac{K_I}{s}\right)\times\frac{10}{s+10}=\underline{\frac{10(K_P s+K_I)}{s(s+10)}} \tag{A1.12}$$

(1–3)

$K_P=10$，$K_I=1$ のとき，伝達関数 $G_0(s)$ は

$$G_0(s)=\frac{10(10s+1)}{s(s+10)}=\frac{1+10s}{s\left(1+\frac{1}{10}s\right)}$$

$$=\frac{1}{s}\times\frac{1+10s}{1}\times\frac{1}{1+\dfrac{1}{10}s} \tag{A1.13}$$

となるから

$$G_1(s)=\frac{1}{s}=\frac{1}{T_1 s} \tag{A1.14}$$

$$G_2(s)=\frac{1+10s}{1}=\frac{1+T_2 s}{1} \tag{A1.15}$$

$$G_3(s)=\frac{1}{1+\dfrac{1}{10}s}=\frac{1}{1+T_3 s} \tag{A1.16}$$

とおくことにより，$G_0(s)=G_1(s)G_2(s)G_3(s)$ とみなすことができる。ここで

$$T_1=1,\quad \frac{1}{T_1}=1 \tag{A1.17}$$

$$T_2=10,\quad \frac{1}{T_2}=0.1,\quad \frac{1}{5T_2}=0.02,\quad \frac{5}{T_2}=0.5 \tag{A1.18}$$

$$T_3=\frac{1}{10},\quad \frac{1}{T_3}=10,\quad \frac{1}{5T_3}=2,\quad \frac{5}{T_3}=50 \tag{A1.19}$$

がボード線図を作図する際に重要な値となる。

図 A.1 に伝達関数 $G_0(s)$ のボード線図を示す。

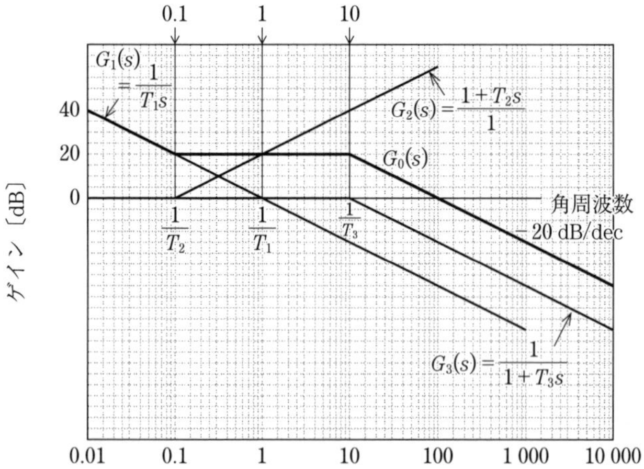

図 A.1

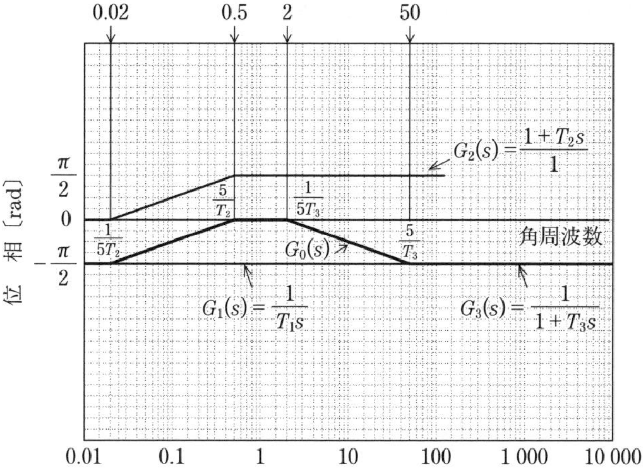

図 A.1　（つづき）

さらに詳しく

一次遅れ要素 $G(s)=\dfrac{1}{1+Ts}$ のボード線図の折れ線近似は**図 A.2** のようになる。

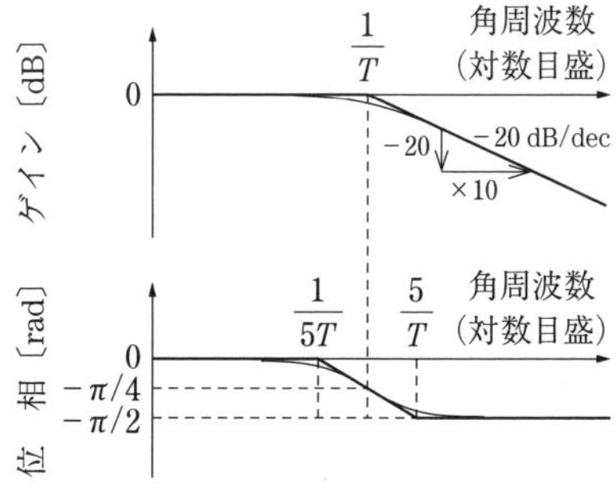

図 A.2

(1-4)

制御器 $C_2(s)$ はつぎの二通りを考える。

① P 制御：$C_2(s)=K_P$

② PID 制御：$C_2(s)=K_P+\dfrac{K_I}{s}+K_Ds$

まず，目標値 $R(s)$ から制御偏差 $E(s)$ までの伝達関数を求めよう。図 2 から

$$E(s) = R(s) - Y(s)$$
$$= R(s) - P(s)C_2(s)E(s) \tag{A1.20}$$

の関係があることがわかる。式(A1.20) を変形して

$$\{1 + P(s)C_2(s)\}E(s) = R(s)$$
$$\therefore \quad \frac{E(s)}{R(s)} = \frac{1}{1 + P(s)C_2(s)} \tag{A1.21}$$

となる。

① P 制御のとき，$P(s)C_2(s)$ は

$$P(s)C_2(s) = \frac{10K_P}{s + 10} \tag{A1.22}$$

であるから，式(A1.21) はつぎのようになる。

$$\frac{E(s)}{R(s)} = \frac{1}{1 + \dfrac{10K_P}{s + 10}} = \frac{s + 10}{s + 10 + 10K_P} \tag{A1.23}$$

目標値が単位ステップ状に変化するときの定常偏差 e_p は，ラプラス変換の最終値の定理を用いて次式で計算することができる。

$$e_p = \lim_{s \to 0} sE(s) = \lim_{s \to 0} s \cdot \frac{s + 10}{s + 10 + 10K_P} \cdot \frac{1}{s}$$
$$= \lim_{s \to 0} \frac{s + 10}{s + 10 + 10K_P} = \frac{1}{1 + K_P} \tag{A1.24}$$

② PID 制御のとき，$P(s)C_2(s)$ は

$$P(s)C_2(s) = \frac{10}{s + 10} \cdot \frac{K_D s^2 + K_P s + K_I}{s}$$
$$= \frac{10(K_D s^2 + K_P s + K_I)}{s(s + 10)} \tag{A1.25}$$

であるから，式(A1.21) はつぎのようになる。

$$\frac{E(s)}{R(s)} = \frac{1}{1 + \dfrac{10(K_D s^2 + K_P s + K_I)}{s(s + 10)}}$$
$$= \frac{s^2 + 10s}{(1 + 10K_D)s^2 + 10(1 + K_P)s + 10K_I} \tag{A1.26}$$

定常偏差 e_p はつぎのようになる。

$$
\begin{aligned}
e_p &= \lim_{s\to 0} sE(s) \\
&= \lim_{s\to 0} s\cdot\frac{s^2+10s}{(1+10K_D)s^2+10(1+K_P)s+10K_I}\cdot\frac{1}{s} \\
&= \lim_{s\to 0}\frac{s^2+10s}{(1+10K_D)s^2+10(1+K_P)s+10K_I} \\
&= \frac{0}{10K_I}=0
\end{aligned}
\tag{A1.27}
$$

PID 制御を用いるときは，内部モデル原理から目標値のステップ状変化に対して定常偏差はゼロになる。しかし，P 制御を用いる場合は定常偏差が発生する。これを小さくするためには，式(A1.24) から明らかなように，比例ゲイン K_p を大きくすればよい。$K_p>0$ の条件でなら，いくら大きくしても図 2 の閉ループ制御系は不安定にならない。

問 2-(2)　解答

(2-1)

システムは次式で与えられている。

$$\dot{x}=\begin{bmatrix}0 & 1\\ -6 & -5\end{bmatrix}x+\begin{bmatrix}0\\30\end{bmatrix}u \tag{A2.1}$$

$$y=[0\quad 1]x \tag{A2.2}$$

式(A2.1)，式(A2.2) を

$$\dot{x}=Ax+bu \tag{A2.3}$$

$$y=cx \tag{A2.4}$$

と書くとき，入力 u から出力 y までの伝達関数 $G(s)$ は

$$G(s)=c(sI-A)^{-1}b \tag{A2.5}$$

で計算することができる。

$$(sI-A)^{-1}=\begin{bmatrix}s & -1\\ 6 & s+5\end{bmatrix}^{-1}=\frac{1}{(s+2)(s+3)}\begin{bmatrix}s+5 & 1\\ -6 & s\end{bmatrix} \tag{A2.6}$$

であるからつぎのように求められる。

$$G(s)=[0\quad 1]\frac{1}{(s+2)(s+3)}\begin{bmatrix}s+5 & 1\\ -6 & s\end{bmatrix}\begin{bmatrix}0\\30\end{bmatrix}$$

$$
= \frac{1}{(s+2)(s+3)} \begin{bmatrix} -6 & s \end{bmatrix} \begin{bmatrix} 0 \\ 30 \end{bmatrix}
$$

$$
= \frac{30s}{(s+2)(s+3)} \tag{A2.7}
$$

(2–2)

伝達関数 (A2.7) の極を計算する。

$$
(s+2)(s+3) = 0 \tag{A2.8}
$$

を解いて，$\lambda_1 = -2$，$\lambda_2 = -3$ と求まる。2 個とも複素平面上の左半平面に存在するので，このシステムは安定である。

さらに詳しく

複素平面上の極の位置と過渡応答の関係を，不安定領域も含めて**図 A.3** にまとめる。実軸上にあると非振動的であり，実軸から離れていくにつれて振動が激しくなる。

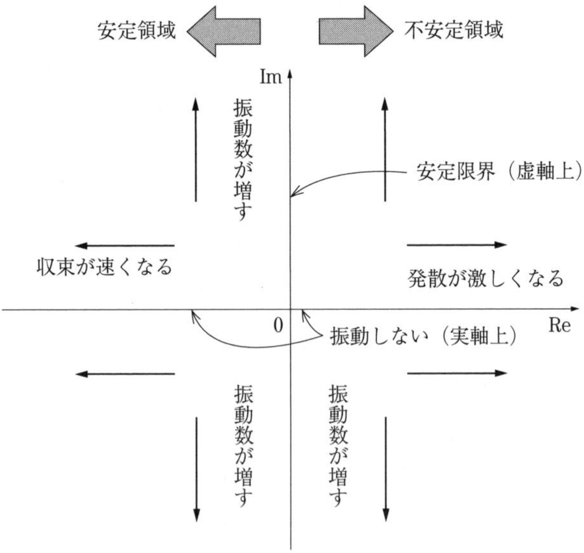

図 A.3

また，虚軸上に極があると安定限界であって，左半平面において虚軸から遠ざかるほど収束は速くなる。右半平面なら不安定になる。

(2–3)

システムの収束をより速くする閉ループ系の極は (a) である。なぜなら $(-5, -6)$ は，システム自体の極 $(-2, -3)$ よりも左半平面において虚軸からより遠くにあるからである。

制御入力を状態フィードバック制御

$$u=-fx \tag{A2.9}$$

とおいて，フィードバックゲイン $f=[f_1 \quad f_2]$ を設計しよう。状態フィードバック制御 (A2.9) をシステム (A2.3) に施すと，閉ループ系の状態方程式は

$$\dot{x}=[A-bf]x \tag{A2.10}$$

となる。行列 $A-bf$ は

$$A-bf=\begin{bmatrix}0 & 1\\ -6 & -5\end{bmatrix}-\begin{bmatrix}0\\ 30\end{bmatrix}[f_1 \quad f_2]$$

$$=\begin{bmatrix}0 & 1\\ -6-30f_1 & -5-30f_2\end{bmatrix} \tag{A2.11}$$

となるから，閉ループ系の特性多項式はつぎのようになる。

$$|sI-A+bf|=\begin{vmatrix}s & -1\\ 6+30f_1 & s+5+30f_2\end{vmatrix}$$

$$=s(s+5+30f_2)+(6+30f_1)$$

$$=s^2+(5+30f_2)s+(6+30f_1) \tag{A2.12}$$

極を $-5, -6$ にもつ所望の特性多項式 $P(s)$ は

$$P(s)=(s+5)(s+6)=s^2+11s+30 \tag{A2.13}$$

であるから，式(A2.12) を式(A2.13) に一致するようにフィードバックゲイン $f=[f_1 \quad f_2]$ を決定すればよいことになる。

式(A2.12) と式(A2.13) を係数比較して

$$5+30f_2=11 \tag{A2.14}$$

$$6+30f_1=30 \tag{A2.15}$$

を得る。これを解くことでつぎのように求められる。

$$[f_1 \quad f_2]=\begin{bmatrix}\dfrac{4}{5} & \dfrac{1}{5}\end{bmatrix} \tag{A2.16}$$

問 2-(3)　解答

(3-1)

図 A.4 にある目標値 $R(s)$ からのフィードフォワード補償器 G_1 の扱いを楽にするため，**図 A.5** のように，$R(s)$ を $R_1(s)$ と $R_2(s)$ に分けて考えることにする。

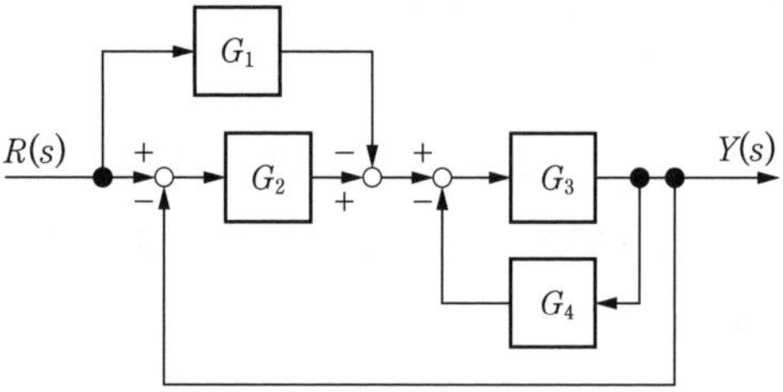

図 A.4

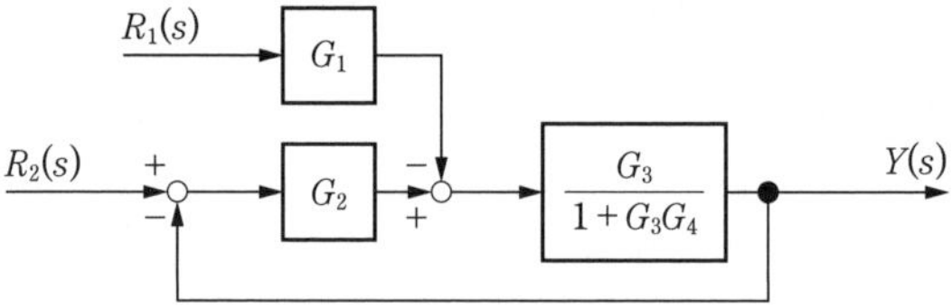

図 A.5

以下において，外部入力 $R_1(s)$ と $R_2(s)$ それぞれから出力 $Y(s)$ までの伝達関数を求めよう。

図 A.5 において，$R_2(s)=0$ として $R_1(s)$ から $Y(s)$ までに着目すると**図 A.6** のようになる。

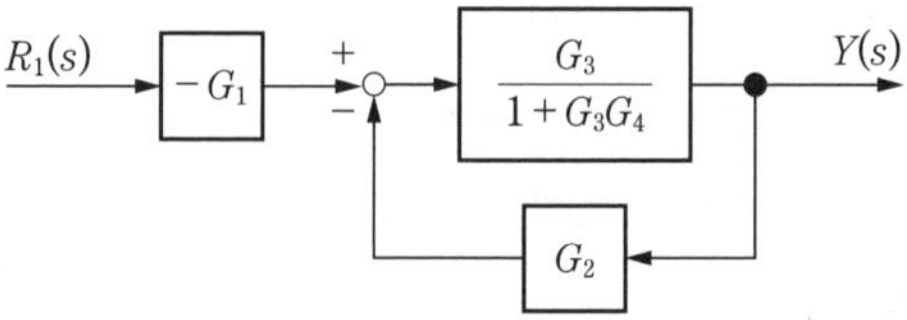

図 A.6

フィードバック結合を等価変換したのち（**図 A.7**(a)），直列結合を等価変換する（図(b)）。

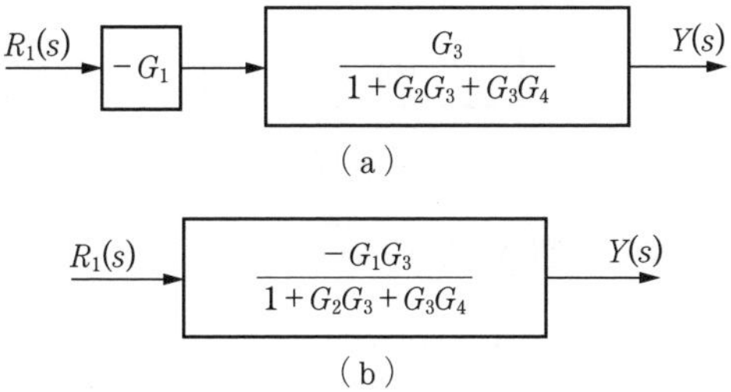

図 A.7

つぎに，図 A.5 において，$R_1(s)=0$ として $R_2(s)$ から $Y(s)$ までに着目すると**図 A.8** のようになる。

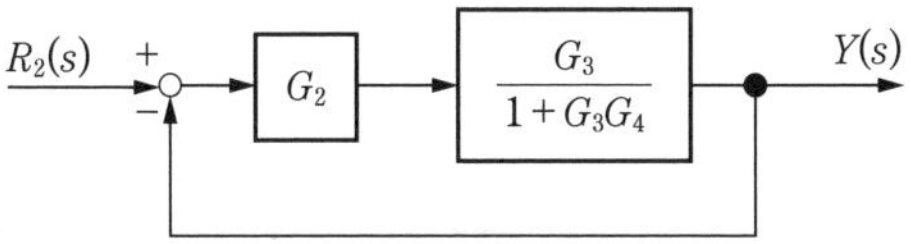

図 A.8

直列結合を等価変換したのち（**図 A.9**(a)），フィードバック結合を等価変換する（図(b)）。

$R(s)=R_1(s)=R_2(s)$ として**図 A.10** となる。

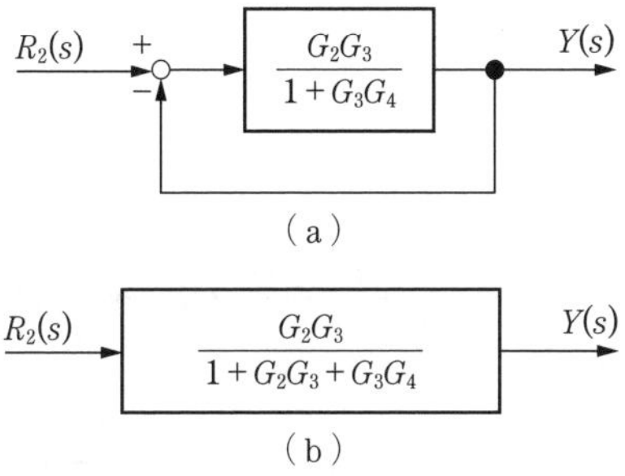

図 A.9

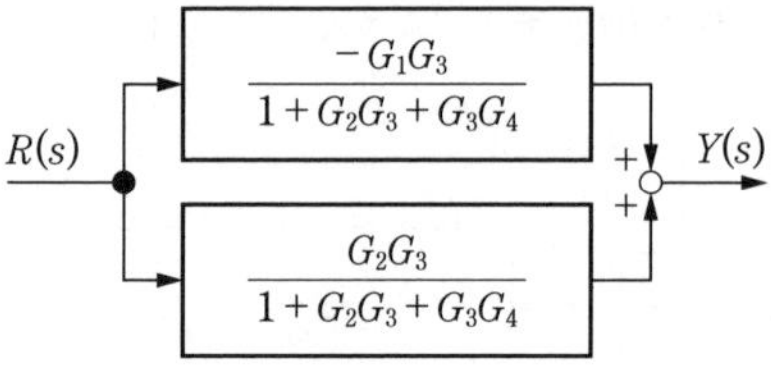

図 A.10

並列結合を等価変換して**図 A.11** を得る。

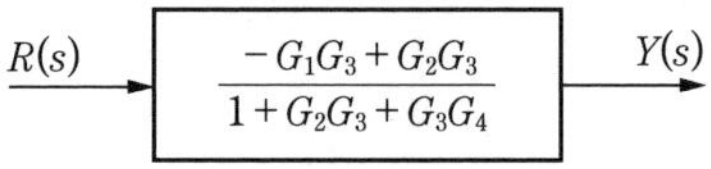

図 A.11

以上から，目標値 $R(s)$ から出力 $Y(s)$ までの伝達関数は

$$\frac{Y(s)}{R(s)}=\frac{-G_1G_3+G_2G_3}{1+G_2G_3+G_3G_4} \tag{A3.1}$$

と求められる。

さらに詳しく

問題文では，「ブロック線図の等価変換を用いて求めよ」との指示がない。よって，ブロック線図から導き出される関係式を用いて伝達関数を求めるほうが簡単である。

ここでは，2 本の関係式を導出しよう。まず，**図 A.12** に示すように，$R(s)$，$Y(s)$ のほかに変数 $Q(s)$ を設ける。

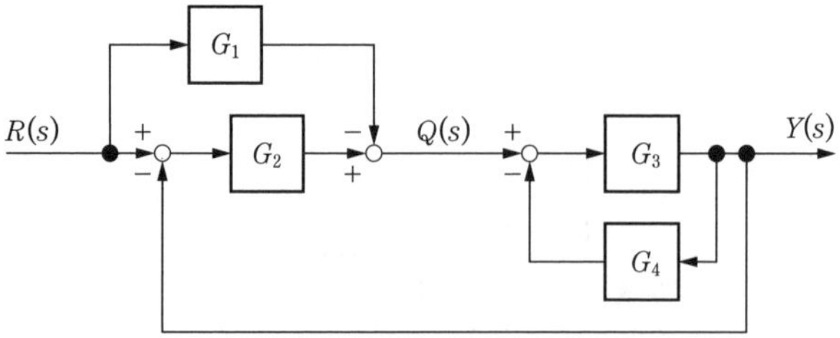

図 A.12

つぎに，$Q(s)$ を境として，**図 A.13** に示すようにブロック線図を二つに分ける。

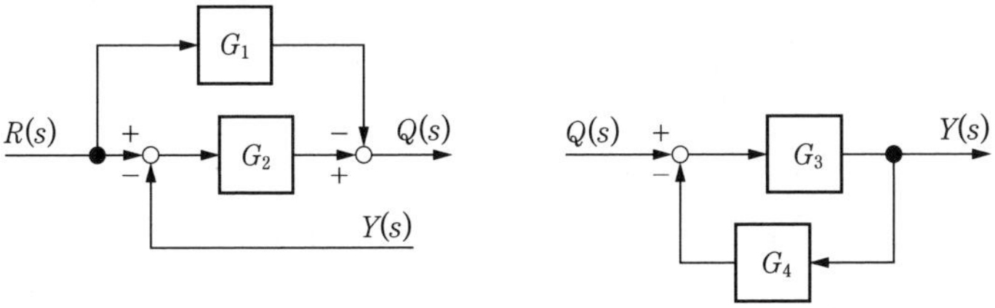

（a）　　　　（b）

図 A.13

図（a）からつぎの関係式を導くことができる。

$$Q(s) = G_2\{R(s) - Y(s)\} - G_1 R(s) \tag{A3.2}$$

また，図（b）からは

$$Y(s) = G_3\{Q(s) - G_4 Y(s)\} \tag{A3.3}$$

を得る。導出した 2 本の式から $Q(s)$ を消去して $R(s)$ と $Y(s)$ の関係式を求めよう。そのために，つぎのように式(A3.2) を式(A3.3) に代入する。

$$\begin{aligned} Y(s) &= G_3[G_2\{R(s) - Y(s)\} - G_1 R(s) - G_4 Y(s)] \\ &= G_2 G_3 R(s) - G_2 G_3 Y(s) - G_1 G_3 R(s) - G_3 G_4 Y(s) \end{aligned} \tag{A3.4}$$

式(A3.4) を整理して

$$(1 + G_2 G_3 + G_3 G_4) Y(s) = (-G_1 G_3 + G_2 G_3) R(s) \tag{A3.5}$$

となるので，$R(s)$ から $Y(s)$ までの伝達関数はつぎのように求められる。

$$\frac{Y(s)}{R(s)} = \frac{-G_1 G_3 + G_2 G_3}{1 + G_2 G_3 + G_3 G_4} \qquad \text{(A3.1 再掲)}$$

(3–2)

図 3 に示されたフィードバック・フィードフォワード制御系の特性方程式は式(A3.1) から

$$1 + G_2(s) G_3(s) + G_3(s) G_4(s) = 0 \tag{A3.6}$$

であることがわかる。ここで題意から

$$G_1(s) = -10, \quad G_2(s) = K_P + \frac{5}{s}, \quad G_3(s) = \frac{1}{s^2}, \quad G_4(s) = s + 2 \tag{A3.7}$$

なので，式(A3.7) を式(A3.6) に代入することで次式となる。

$$1 + \left(K_P + \frac{5}{s}\right)\frac{1}{s^2} + \frac{1}{s^2}(s+2) = 0$$

$$\therefore \quad s^3 + s^2 + (2 + K_P)s + 5 = 0 \tag{A3.8}$$

特性方程式 (A3.8) にラウス・フルビッツの安定判別法を適用する。ラウス表はつぎのようになる。

s^3 行	1	$2+K_P$	0
s^2 行	1	5	
s^1 行	K_P-3	0	
s^0 行	5		

ラウス表の第 1 列のすべての要素が正となることが，システムが安定となる必要十分条件である。よって

$$\underline{K_P > 3} \tag{A3.9}$$

を得る。

東京工業大学大学院課程（修士課程）
工学院 機械系・システム制御系

平成 30 年度入試 （平成 29 年 8 月実施問題　抜粋）

試験問題 問題 6 （制御理論）

問 1　**図 1** に示すフィードバック系を考える。図において，$P(s)$ を制御対象，$M(s)$ と $C(s)$ を制御器の一部，u を入力，z を出力，r を目標値，d を外乱とする。また，目標値 r から出力 z までの閉ループ伝達関数を $T_{zr}(s)$，外乱 d から出力 z までの閉ループ伝達関数を $T_{zd}(s)$ と表す。このとき，以下の問いに答えよ。

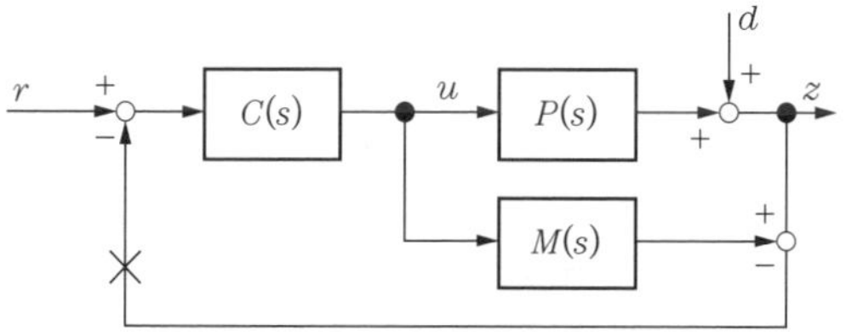

図 1

（1）　図 1 の制御方式は内部モデル制御と呼ばれ，

$$M(s)=P(s),\quad C(s)=\frac{1}{M(s)}$$

であるとき，理想的な制御が達成されることが知られている。これらの条件が成り立つときの $T_{zr}(s)$ および $T_{zd}(s)$ を求めよ。

（2）$P(s)$，$M(s)$，$C(s)$ がそれぞれ

$$P(s)=\frac{s+c}{s^2+as+b},\quad M(s)=\frac{1}{s+b},\quad C(s)=k\frac{s+b}{s+1}$$

で与えられるとする。ただし，a，b，c，k は定数とする。

（i）図1の×印の位置でループを切るときの一巡伝達関数を $L(s)$ とする。このとき，次式の空欄（ア）～（オ）を a，b，c を用いて埋めよ。ただし，$r=0$ とする。

$$L(s)=\frac{k\left(\boxed{（ア）}s+\boxed{（イ）}\right)}{\left(s+\boxed{（ウ）}\right)\left(s^2+\boxed{（エ）}s+\boxed{（オ）}\right)}$$

（ii）$a>0$，$b=4a$，$c=2$ とする。このとき，図1のフィードバック系が安定であるための k の範囲を a を用いて表せ。

（iii）$a=2$，$b=8$，$c=2$，$k=\sqrt{2}$ のとき，（i）で求めた一巡伝達関数 $L(s)$ に対するゲイン交差周波数は 4 rad/s であった。このとき，位相余裕を求めよ。

（3）図1のフィードバック系に対して，$P(s)$，$M(s)$，$C(s)$ がそれぞれ次式で与えられるとする。

$$P(s)=M(s)\times\frac{s+9}{s+10},\quad M(s)=\frac{1}{s+b},\quad C(s)=\frac{s+b}{s+1}$$

このとき，周波数伝達関数 $T_{zr}(j\omega)$，$T_{zd}(j\omega)$ のゲイン $|T_{zr}(j\omega)|$，$|T_{zd}(j\omega)|$ の角周波数 $\omega=0$ および $\omega\to\infty$ に対する値をそれぞれ求めよ。また，以上の結果を踏まえて，出力 z の目標値 r への追従特性および外乱 d の除去特性について，低周波域と高周波域における（1）の結果との違いに焦点を当てて説明せよ。

問2　状態方程式

$$\frac{dx}{dt}=Ax+Bu,\qquad x\in R^n,\quad u\in R^m$$

$$y=Cx,\qquad y\in R^p$$

で表される制御対象について以下の問いに答えよ。

(1)　オブザーバは制御対象の入力 u と出力 y から状態 x を推定するために用いられる。ここでは，以下の式で与えられるオブザーバ（$\hat{x}$ は状態 x の推定値）を考える。

$$\frac{d\hat{x}}{dt} = A\hat{x} + Bu - K(y - C\hat{x})$$

このとき推定誤差 $e = x - \hat{x}$ に対して，$y = Cx$ であることに注意して $\frac{de}{dt}$ を求め，推定誤差 e が 0 に収束するための条件を求めよ。

(2)　状態 $\bar{x} = \begin{pmatrix} x \\ \hat{x} \end{pmatrix}$ として，制御系全体（制御対象＋オブザーバ）を $\frac{d\bar{x}}{dt} = \bar{A}\bar{x} + \bar{B}u$ の形に整理せよ。

(3)　(2) の状態方程式の可制御性を判定せよ。

(4)　制御対象を安定化する状態フィードバック $u = Fx$ を設計したと仮定する。しかし，このフィードバックは状態 x の情報が必要なため，通常は実現することはできない。そこで，状態 x を利用可能な推定値 $\hat{x}$ に置き換えたフィードバック $u = F\hat{x}$ を用いることを考える。このときの制御系全体の状態方程式を $\frac{d\bar{x}}{dt} = \bar{A}_F\bar{x}$ の形に整理せよ。

(5)　制御系全体の状態方程式の状態 $\begin{pmatrix} x \\ \hat{x} \end{pmatrix}$ を新たな状態 $\begin{pmatrix} x \\ e \end{pmatrix} = \begin{pmatrix} x \\ x - \hat{x} \end{pmatrix}$ に変換する座標変換は

$$\begin{pmatrix} x \\ \hat{x} \end{pmatrix} = \begin{pmatrix} I & 0 \\ I & -I \end{pmatrix} \begin{pmatrix} x \\ e \end{pmatrix}$$

である。ただし，I は $n \times n$ の単位行列である。(4) で求めた制御系全体の状態方程式を，状態 $\begin{pmatrix} x \\ e \end{pmatrix}$ の状態方程式で表せ。

(6)　(5) の状態方程式を用いて制御系全体の安定性と状態フィードバック系およびオブザーバの安定性の関係について説明せよ。

問1　解答

(1)

まずは，図 1 の $P(s)$，$M(s)$，$C(s)$ を使って $T_{zr}(s)$ と $T_{zd}(s)$ を求める。$d=0$ とおいて図 1 を描き直すと**図 A.1** となる。

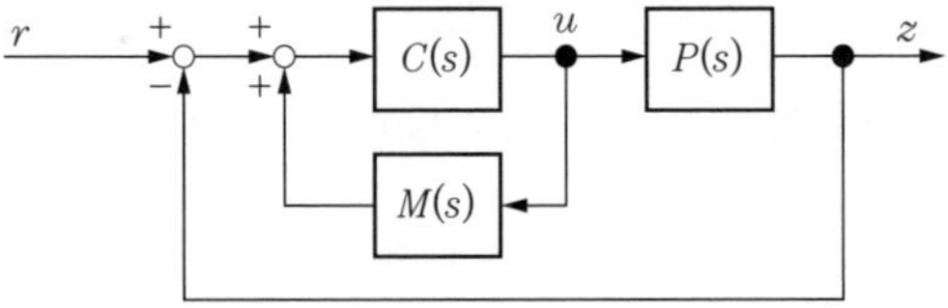

図 A.1

内側のフィードバック結合を等価変換して**図 A.2** となる。

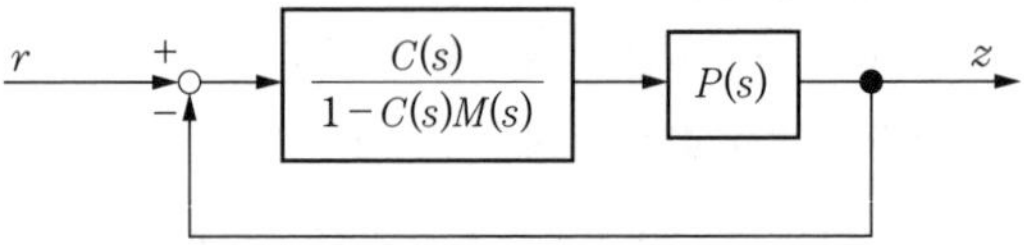

図 A.2

直列結合の等価変換をして（**図 A.3**（a）），最後にもう一度フィードバック結合を等価変換する（図（b））。

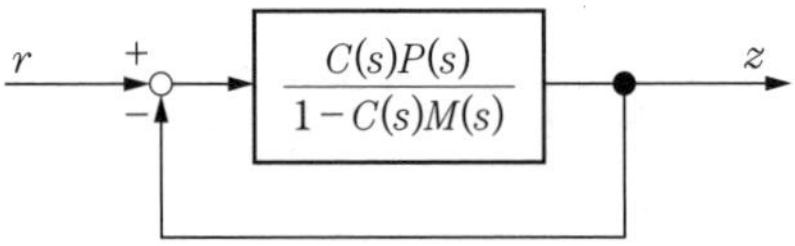

（a）

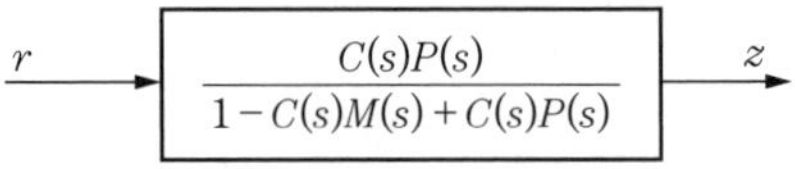

（b）

図 A.3

図 A.3 から

$$T_{zr}(s)=\frac{C(s)P(s)}{1-C(s)M(s)+C(s)P(s)} \tag{A1.1}$$

と求まる。

つぎに，$r=0$ とおいて図 1 を描き直すと**図 A.4** となる。

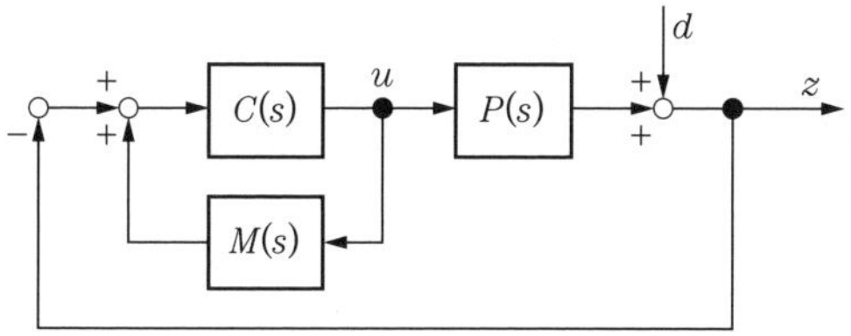

図 A.4

内側フィードバック結合を等価変換する（**図 A.5**）。

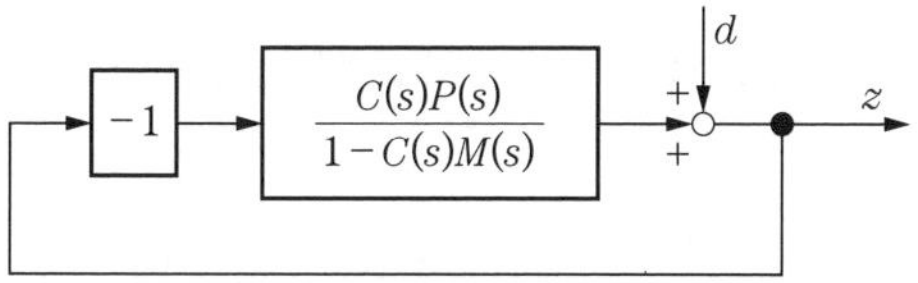

図 A.5

外乱 d の位置をブロック線図の一番左側に移動して描き直す（**図 A.6**）。

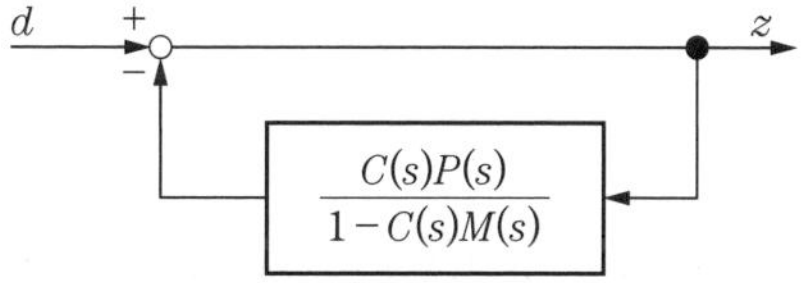

図 A.6

最後にもう一度フィードバック結合を等価変換して**図 A.7** となる。

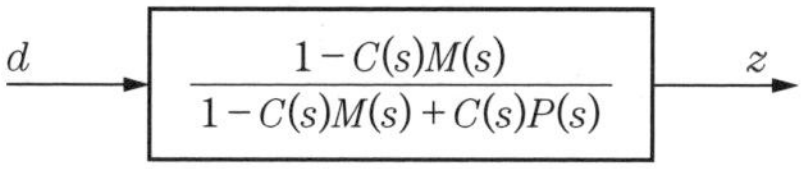

図 A.7

図 A.7 から

$$T_{zd}(s)=\frac{1-C(s)M(s)}{1-C(s)M(s)+C(s)P(s)} \tag{A1.2}$$

と求まる。

題意から

$$M(s)=P(s),\quad C(s)=\frac{1}{M(s)} \tag{A1.3}$$

を式(A1.1) の $T_{zr}(s)$ に代入するとつぎのようになる。

$$T_{zr}(s)=\frac{\frac{1}{P(s)}P(s)}{1-\frac{1}{P(s)}P(s)+\frac{1}{P(s)}P(s)}=\frac{1}{1-1+1}=1 \tag{A1.4}$$

目標値 r から出力 z までの伝達関数が 1 となり，応答の遅れがまったくない目標値完全追従制御が達成されていることがわかる。

続いて，式(A1.3) を式(A1.2) の $T_{zd}(s)$ に代入するとつぎのようになる。

$$T_{zd}(s)=\frac{1-\frac{1}{P(s)}P(s)}{1-\frac{1}{P(s)}P(s)+\frac{1}{P(s)}P(s)}=\frac{1-1}{1-1+1}=0 \tag{A1.5}$$

外乱 d から出力 z までの伝達関数が 0 となり，外乱の影響がまったく出力に現れない外乱完全除去制御が達成されていることがわかる。

さらに詳しく

問題文では，ブロック線図の等価変換を使うことを指示していない。そこで，図 1 のブロック線図から関係式を導出して伝達関数を算出する方法を試みる。

図 1 中のフィードバック量を q とおく。まず，$d=0$ として，r，u，z，q の関係式をつくるとつぎのようになる。

$$u=C(s)(r-q) \tag{A1.6}$$

$$z=P(s)u \tag{A1.7}$$

$$q=\{P(s)-M(s)\}u \tag{A1.8}$$

式(A1.6)～(A1.8) から，u と q を消去して r から z までの伝達関数を算出しよう。式(A1.8) の q を式(A1.6) に代入する。

$$u = C(s)[r - \{P(s) - M(s)\}u]$$
$$= C(s)r - C(s)\{P(s) - M(s)\}u \qquad (A1.9)$$

式(A1.9) は

$$[1 + C(s)\{P(s) - M(s)\}]u = C(s)r \qquad (A1.10)$$

と書けるので，式(A1.10) の u に式(A1.7) を代入するとつぎのようになる。

$$[1 + C(s)\{P(s) - M(s)\}]\frac{z}{P(s)} = C(s)r$$

$$\{1 - C(s)M(s) + C(s)P(s)\}z = C(s)P(s)r$$

$$\therefore \quad T_{zr}(s) = \frac{z}{r} = \frac{C(s)P(s)}{1 - C(s)M(s) + C(s)P(s)} \qquad (A1.11)$$

式(A1.11) は式(A1.1) に等しい。

同様に，図 1 において $r=0$ として d，u，z，q の関係式をつくるとつぎのようになる。

$$u = -C(s)q \qquad (A1.12)$$

$$z = P(s)u + d \qquad (A1.13)$$

$$q = z - M(s)u \qquad (A1.14)$$

式(A1.12)～式(A1.14) から，u と q を消去して d から z までの伝達関数を算出しよう。つぎのように式(A1.14) の q を式(A1.12) に代入する。

$$u = -C(s)\{z - M(s)u\}$$
$$= -C(s)z + C(s)M(s)u \qquad (A1.15)$$

式(A1.15) は

$$u = -\frac{C(s)}{1 - C(s)M(s)}z \qquad (A1.16)$$

と書き直すことができるから，式(A1.16) を式(A1.13) に代入するとつぎのようになる。

$$z = -\frac{C(s)P(s)}{1 - C(s)M(s)}z + d$$

$$\{1 - C(s)M(s)\}z = -C(s)P(s)z + \{1 - C(s)M(s)\}d$$

$$\therefore \quad T_{zd}(s) = \frac{z}{d} = \frac{1 - C(s)M(s)}{1 - C(s)M(s) + C(s)P(s)} \tag{A1.17}$$

式(A1.17) は式(A1.2) に等しい。

（**2**）

（**i**） 一巡伝達関数 $L(s)$ は**図 A.8** から

$$L(s) = C(s)\{P(s) - M(s)\} \tag{A1.18}$$

で与えられる。

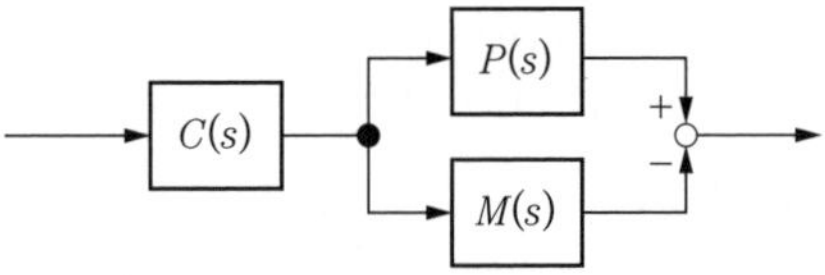

図 A.8

式(A1.18) に

$$P(s) = \frac{s+c}{s^2+as+b}, \quad M(s) = \frac{1}{s+b}, \quad C(s) = k\frac{s+b}{s+1} \tag{A1.19}$$

を代入するとつぎのようになる。

$$L(s) = k\frac{s+b}{s+1}\left(\frac{s+c}{s^2+as+b} - \frac{1}{s+b}\right)$$

$$= k\frac{s+b}{s+1} \cdot \frac{(b+c-a)s+(bc-b)}{(s^2+as+b)(s+b)}$$

$$= \frac{k\{(b+c-a)s+(bc-b)\}}{(s+1)(s^2+as+b)} \tag{A1.20}$$

（**ii**） フィードバック系の特性方程式は，一巡伝達関数 $L(s)$ を使って次式で表される。

$$1 + L(s) = 0 \tag{A1.21}$$

式(A1.21) に式(A1.20) を代入して分母を払うと

$$(s+1)(s^2+as+b) + k\{(b+c-a)s+(bc-b)\} = 0 \tag{A1.22}$$

となり，式(A1.22) に

$$b = 4a, \quad c = 2 \tag{A1.23}$$

を代入すると，つぎのようになる。

$$(s+1)(s^2+as+4a)+k\{(3a+2)s+4a\}=0$$

$$\therefore\quad s^3+(a+1)s^2+(5a+3ka+2k)s+4a(1+k)=0 \tag{1.24}$$

式(A1.24) にラウス・フルビッツの安定判別法を適用すると，ラウス表はつぎのようになる。

s^3 行	1	$5a+3ka+2k$	0
s^2 行	$a+1$	$4a(1+k)$	
s^1 行	$R(a,k)$	0	
s^0 行	$4a(1+k)$		

ラウス表の s^1 行第 1 列の $R(a,k)$ をつぎのように求める。

$$R(a,k)=\frac{1}{a+1}\{(a+1)(5a+3ka+2k)-4a(1+k)\}$$

$$=\frac{(3a^2+a+2)k+(5a^2+a)}{a+1} \tag{A1.25}$$

作成したラウス表の第 1 列のすべての要素が正であることが，システムが安定となる必要十分条件である。したがって

$$a+1>0 \tag{A1.26}$$

$$R(a,k)>0 \tag{A1.27}$$

$$4a(1+k)>0 \tag{A1.28}$$

を得る。まず，題意から $a>0$ なので，式(A1.26) は満たしている。式(A1.28) と $a>0$ から

$$\underline{k>-1} \tag{A1.29}$$

となる。また，式(A1.27) と $a+1>0$ から

$$(3a^2+a+2)k>-(5a^2+a) \tag{A1.30}$$

となる。式(A1.30) において，$3a^2+a+2>0$ なので

$$\underline{k>-\frac{5a^2+a}{3a^2+a+2}} \tag{A1.31}$$

と書くことができる。

したがって，式(A1.29) かつ式(A1.31) が求める解となる。

さらに詳しく

式(A1.29) の条件と式(A1.31) の条件の関係について，調べておく。式(A1.31) の右辺の分数において，$a>0$ から，分母>0，分子>0 となることはすぐにわかる。したがって，$\dfrac{5a^2+a}{3a^2+a+2}>0$ である。

もしも，$\dfrac{5a^2+a}{3a^2+a+2}$ がつねに 1 より大きければ，式(A1.31) の条件よりも式(A1.29) の条件の範囲が狭くなり，式(A1.29) だけでよくなる。逆に，$\dfrac{5a^2+a}{3a^2+a+2}$ がつねに 1 より小さければ，式(A1.29) の条件は不要となる。そこで，$\dfrac{5a^2+a}{3a^2+a+2}$ の大きさを調べる必要が出てくる。

つぎのように分子から分母を引いて調べよう。

$$(5a^2+a)-(3a^2+a+2)=2a^2-2=2(a^2-1) \tag{A1.32}$$

となるから

$$\frac{5a^2+a}{3a^2+a+2}>1, \quad a>1 \tag{A1.33}$$

$$\frac{5a^2+a}{3a^2+a+2}=1, \quad a=1 \tag{A1.34}$$

$$0<\frac{5a^2+a}{3a^2+a+2}<1, \quad 0<a<1 \tag{A1.35}$$

となることがわかる。

例えば，$a=2$ のとき

$$\left.\frac{5a^2+a}{3a^2+a+2}\right|_{a=2}=\frac{5\times4+2}{3\times4+2+2}=\frac{22}{16}=\frac{11}{8} \tag{A1.36}$$

であるから，式(A1.31) は

$$k>-\frac{11}{8} \tag{A1.37}$$

となるので，式(A1.29) の条件の範囲のほうが狭い。

また，$a=0.1$ ならば

$$\left.\frac{5a^2+a}{3a^2+a+2}\right|_{a=0.1}=\frac{5\times 0.01+0.1}{3\times 0.01+0.1+2}=\frac{0.15}{2.13}=0.07 \tag{A1.38}$$

であるから，式(A1.31) は

$$k>-0.07 \tag{A1.39}$$

となるので，式(A1.31) の条件の範囲のほうが狭い。

したがって，式(A1.29) かつ式(A1.31) が求める解となる。

(iii)　$a=2$，$b=8$，$c=2$，$k=\sqrt{2}$ を式(A1.20) に代入する。

$$\begin{aligned} L(s)&=\frac{\sqrt{2}\{(8+2-2)s+(8\times 2-8)\}}{(s+1)(s^2+2s+8)}\\ &=\frac{8\sqrt{2}(s+1)}{(s+1)(s^2+2s+8)}\\ &=\frac{8\sqrt{2}}{s^2+2s+8} \end{aligned} \tag{A1.40}$$

式(A1.40) から，一巡周波数伝達関数は

$$L(j\omega)=\frac{8\sqrt{2}}{(j\omega)^2+2(j\omega)+8}=\frac{8\sqrt{2}}{(8-\omega^2)+j2\omega} \tag{A1.41}$$

となる。題意から，ゲイン交差角周波数 $\omega_{cg}=4$〔rad/s〕であるから，まずは，このときの位相を求めよう。一巡周波数伝達関数は

$$L(j\omega_{cg})=\frac{8\sqrt{2}}{(8-4^2)+j2\times 4}=\frac{8\sqrt{2}}{-8+j8}=\frac{\sqrt{2}}{-1+j} \tag{A1.42}$$

となるから，位相はつぎのように求められる。

$$\begin{aligned} \theta(\omega_{cg})&=\angle L(j\omega_{cg})\\ &=\angle\sqrt{2}-\angle(-1+j)\\ &=0-135=-135\ \text{〔deg〕} \end{aligned} \tag{A1.43}$$

したがって，位相余裕 ϕ_m は

$$\begin{aligned} \phi_m&=\theta(\omega_{cg})-(-180)\\ &=-135+180=\underline{45\ \text{〔deg〕}} \end{aligned} \tag{A1.44}$$

と求められる。

さらに詳しく

図 A.9 に示すように，一巡周波数伝達関数のゲインが1となる角周波数をゲイン交差角周波数といい，ω_{cg}〔rad/s〕で表す。

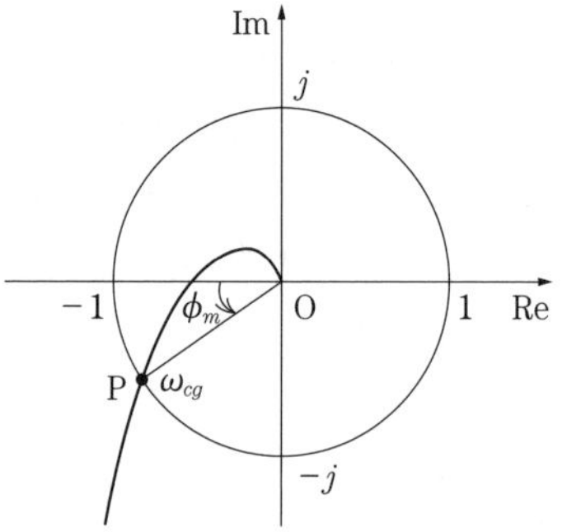

図 A.9

角周波数が $\omega=\omega_{cg}$ のときの位相 $\theta(\omega_{cg})$ を求め，この値が $-\pi$〔rad〕または -180 deg になるまでにどれほど余裕があるかを位相余裕 ϕ_m という。これを数式で表すと

$$\phi_m=\theta(\omega_{cg})-(-\pi)\text{〔rad〕} \qquad \text{(A1.45)}$$

または

$$\phi_m=\theta(\omega_{cg})-(-180)\text{〔deg〕} \qquad \text{(A1.46)}$$

となる。

以下において

$$L(j\omega)=\frac{8\sqrt{2}}{(j\omega)^2+2(j\omega)+8}=\frac{8\sqrt{2}}{(8-\omega^2)+j2\omega} \qquad \text{(A1.41 再掲)}$$

のゲイン交差角周波数 ω_{cg}〔rad/s〕を求めてみよう。ゲインが1になるときの角周波数を求めるのだから

$$|L(j\omega)|=\frac{8\sqrt{2}}{\sqrt{(8-\omega^2)^2+4\omega^2}}=1 \qquad \text{(A1.47)}$$

すなわち

$$(8-\omega^2)^2+4\omega^2=64\times 2 \qquad \text{(A1.48)}$$

を満たす角周波数を求める。式(A1.48) を展開整理して

$$64 - 16\omega^2 + \omega^4 + 4\omega^2 - 64 \times 2 = 0$$

$$\omega^4 - 12\omega^2 - 64 = 0$$

$$\therefore \quad (\omega^2 + 4)(\omega^2 - 16) = 0 \qquad \text{(A1.49)}$$

と因数分解できる。ω は正の実数であるから

$$\omega_{cg} = 4 \ \text{〔rad/s〕} \qquad \text{(A1.50)}$$

を得る。問題文中に運よく 4 rad/s が与えられているので，この計算は必要なかった。

---

(3)

$$P(s) = M(s) \times \frac{s+9}{s+10}, \quad M(s) = \frac{1}{s+b}, \quad C(s) = \frac{s+b}{s+1} \qquad \text{(A1.51)}$$

を

$$T_{zr}(s) = \frac{C(s)P(s)}{1 - C(s)M(s) + C(s)P(s)} \qquad \text{(A1.1 再掲)}$$

に代入するとつぎのようになる。

$$T_{zr}(s) = \frac{\dfrac{s+b}{s+1} \cdot \dfrac{1}{s+b} \cdot \dfrac{s+9}{s+10}}{1 - \dfrac{s+b}{s+1} \cdot \dfrac{1}{s+b} + \dfrac{s+b}{s+1} \cdot \dfrac{1}{s+b} \cdot \dfrac{s+9}{s+10}}$$

$$= \frac{s+9}{(s+1)(s+10) - (s+10) + s + 9}$$

$$= \frac{s+9}{s^2 + 11s + 9} \qquad \text{(A1.52)}$$

式(A1.52) の周波数伝達関数は

$$T_{zr}(j\omega) = \frac{(j\omega) + 9}{(j\omega)^2 + 11(j\omega) + 9} = \frac{9 + j\omega}{(9 - \omega^2) + j11\omega} \qquad \text{(A1.53)}$$

であるから，ゲインは

$$|T_{zr}(j\omega)| = \frac{\sqrt{9^2 + \omega^2}}{\sqrt{(9 - \omega^2)^2 + 121\omega^2}} \qquad \text{(A1.54)}$$

となる。式(A1.54) から

$\omega=0$ のとき：$|T_{zr}(j\omega)|=1$

$\omega\to\infty$ のとき：$|T_{zr}(j\omega)|=0$

となる。

続いて，式(A1.51) を

$$T_{zd}(s)=\frac{1-C(s)M(s)}{1-C(s)M(s)+C(s)P(s)} \tag{A1.2 再掲}$$

に代入するとつぎのようになる。

$$\begin{aligned}T_{zd}(s)&=\frac{1-\dfrac{s+b}{s+1}\cdot\dfrac{1}{s+b}}{1-\dfrac{s+b}{s+1}\cdot\dfrac{1}{s+b}+\dfrac{s+b}{s+1}\cdot\dfrac{1}{s+b}\cdot\dfrac{s+9}{s+10}}\\&=\frac{1-\dfrac{1}{s+1}}{1-\dfrac{1}{s+1}+\dfrac{s+9}{(s+1)(s+10)}}\\&=\frac{(s+1)(s+10)-(s+10)}{(s+1)(s+10)-(s+10)+s+9}\\&=\frac{s^2+10s}{s^2+11s+9}\end{aligned} \tag{A1.55}$$

式(A1.55) の周波数伝達関数は

$$T_{zd}(j\omega)=\frac{(j\omega)^2+10(j\omega)}{(j\omega)^2+11(j\omega)+9}=\frac{-\omega^2+j10\omega}{(9-\omega^2)+j11\omega} \tag{A1.56}$$

であるから，ゲインは

$$|T_{zd}(j\omega)|=\frac{\sqrt{\omega^4+100\omega^2}}{\sqrt{(9-\omega^2)^2+121\omega^2}}=\frac{\sqrt{\omega^4+100\omega^2}}{\sqrt{\omega^4+103\omega^2+81}} \tag{A1.57}$$

となる。式(A1.57) から

$\omega=0$ のとき：$|T_{zd}(j\omega)|=0$

となることがわかる。また，式(A1.57) を

$$|T_{zd}(j\omega)|=\frac{\sqrt{1+\dfrac{100}{\omega^2}}}{\sqrt{1+\dfrac{103}{\omega^2}+\dfrac{81}{\omega^4}}} \tag{A1.58}$$

と表すことで

$$\omega \to \infty \text{ のとき：} |T_{zd}(j\omega)| = 1$$

となることがわかる。

問 1 の（1），（3）の場合の検討結果をまとめると**表 A.1** のようになる。

表 A.1

	（1）の場合	（3）の場合	
	全周波域	低周波域	高周波域
$\lvert T_{zr}(j\omega)\rvert$	$\omega = 0 \sim \infty$ 1	$\omega = 0$ 1	$\omega \to \infty$ 0
$\lvert T_{zd}(j\omega)\rvert$	$\omega = 0 \sim \infty$ 0	$\omega = 0$ 0	$\omega \to \infty$ 1

問 1 の（1）の場合は

$$M(s) = P(s), \quad C(s) = \frac{1}{M(s)} \qquad \text{(A1.3 再掲)}$$

であり，プラントの伝達関数 $P(s)$ と内部モデル $M(s)$ の完全な一致を要求している。また，$P(s)$ がプロパーならば，直列補償器 $C(s)$ はモデルの逆数を設定するためプロパーでなくなり，微分動作によって過大な操作量を生み，飽和が起こりやすくなる。

これらの問題に目をつぶれば，表 A.1 に見るような理想的な制御が達成される。例えば，二次遅れ要素のプラントであっても，ステップ状の目標値変化に完璧に追従し，出力はステップ状に変化する。これに要する操作量は瞬間的に異常なほど大きな値となることは容易に想像でき，理想的な制御というよりは，非現実的な制御であるといえる。

したがって，上記の設計を，現実のプラントにそのまま適用することは避けたい。そこで（3）の場合では

$$P(s) = M(s) \times \frac{s+9}{s+10}, \quad M(s) = \frac{1}{s+b}, \quad C(s) = \frac{s+b}{s+1} \qquad \text{(A1.51 再掲)}$$

にあるように，プラント $P(s)$ の低周波域の特性だけを抜き出してこれを内部モデル $M(s)$ とし，直列補償器 $C(s)$ では，モデルの逆数をそのまま設定するので

はなく，一次遅れフィルタを追加して分母と分子の次数を揃えることで非プロパーになることを避けている。

これによって，実用に耐えうる制御装置を設計することができる。しかしながら，目標値への追従特性と外乱の除去特性がともに保証されるのは低周波域のみであり，高周波域では目標値に追従することができず，また，外乱の影響も出力に現れることは，表 A.1 から読み取ることができる。

例えば，ステップ状の目標値変化に対し，出力は急峻な動きができずに十分な追従はできないが，時間が十分に経過後は定常偏差なく一致する。また，ステップ状の外乱印加の影響を受けて出力に過渡的な乱れはあるものの，時間が十分に経過後は外乱による定常偏差は生じない。このように，低周波域に限れば，（1）の場合の理想的な制御に近い。

化学プラントでは低周波域の制御性能のみに着目して制御する内部モデル制御が広く使われている。

問 2　解答

（1）

制御対象

$$\frac{dx}{dt}=Ax+Bu \tag{A2.1}$$

$$y=Cx \tag{A2.2}$$

につぎのオブザーバを設計する。

$$\frac{d\hat{x}}{dt}=A\hat{x}+Bu-K(y-C\hat{x}) \tag{A2.3}$$

また，推定誤差を

$$e=x-\hat{x} \tag{A2.4}$$

で定義する。

式(A2.4) の両辺をつぎのように時間微分する。

$$\frac{de}{dt}=\frac{dx}{dt}-\frac{d\hat{x}}{dt} \tag{A2.5}$$

式(A2.5) の右辺に式(A2.1) と式(A2.3) を代入するとつぎのようになる。

$$\frac{de}{dt} = Ax + Bu - A\hat{x} - Bu + K(y - C\hat{x})$$
$$= A(x - \hat{x}) + KC(x - \hat{x})$$
$$= (A + KC)e \tag{A2.6}$$

推定誤差 e がゼロに収束するためには，行列 $A+KC$ の固有値がすべて安定であることが条件となる。このような行列を安定行列という。

(2)

式(A2.3) を

$$\frac{d\hat{x}}{dt} = A\hat{x} + Bu - K(Cx - C\hat{x})$$
$$= -KCx + (A + KC)\hat{x} + Bu \tag{A2.7}$$

と書き直したうえで，式(A2.1) と式(A2.7) をまとめると

$$\frac{d}{dt}\begin{bmatrix} x \\ \hat{x} \end{bmatrix} = \begin{bmatrix} A & 0 \\ -KC & A+KC \end{bmatrix}\begin{bmatrix} x \\ \hat{x} \end{bmatrix} + \begin{bmatrix} B \\ B \end{bmatrix} u \tag{A2.8}$$

となる。式(A2.8) は併合系と呼ばれる。

(3)

式(A2.8) を

$$\frac{d\bar{x}}{dt} = \bar{A}\bar{x} + \bar{B}u \tag{A2.9}$$

と表現するとき，併合系の可制御性行列 $\bar{U}_C$ は

$$\bar{U}_C = [\bar{B} \quad \bar{A}\bar{B} \quad \bar{A}^2\bar{B} \ \cdots \ \bar{A}^{2n-1}\bar{B}] \tag{A2.10}$$

で与えられる。式(A2.10) の要素はそれぞれ

$$\bar{A}\bar{B} = \begin{bmatrix} A & 0 \\ -KC & A+KC \end{bmatrix}\begin{bmatrix} B \\ B \end{bmatrix} = \begin{bmatrix} AB \\ AB \end{bmatrix} \tag{A2.11}$$

$$\bar{A}^2\bar{B} = \begin{bmatrix} A & 0 \\ -KC & A+KC \end{bmatrix}\begin{bmatrix} AB \\ AB \end{bmatrix} = \begin{bmatrix} A^2B \\ A^2B \end{bmatrix} \tag{A2.12}$$

$$\bar{A}^3\bar{B} = \begin{bmatrix} A & 0 \\ -KC & A+KC \end{bmatrix}\begin{bmatrix} A^2B \\ A^2B \end{bmatrix} = \begin{bmatrix} A^3B \\ A^3B \end{bmatrix} \tag{A2.13}$$

$$\vdots$$

$$\bar{A}^{2n-1}\bar{B}=\begin{bmatrix} A^{2n-1}B \\ A^{2n-1}B \end{bmatrix} \tag{A2.14}$$

と計算されるので，併合系の可制御性行列は

$$\bar{U}_C=\begin{bmatrix} B & AB & A^2B & \cdots & A^{n-1}B & \cdots & A^{2n-1}B \\ B & AB & A^2B & \cdots & A^{n-1}B & \cdots & A^{2n-1}B \end{bmatrix} \tag{A2.15}$$

となる。

式(A2.15) は，ブロックが 2 段になっていて，上下の段はまったく同じである。したがって，ランクは高々n である。併合系が可制御であるには

$$\mathrm{rank}\ \bar{U}_C=2n \tag{A2.16}$$

が必要十分条件であることから，この併合系は不可制御である。

(4)

推定値 $\hat{x}$ を使ったフィードバック制御

$$u=F\hat{x} \tag{A2.17}$$

を施すと，式(A2.1) は

$$\frac{dx}{dt}=Ax+BF\hat{x} \tag{A2.18}$$

となり，また，式(A2.3) は

$$\begin{aligned}\frac{d\hat{x}}{dt}&=A\hat{x}+BF\hat{x}-K(Cx-C\hat{x})\\ &=-KCx+(A+BF+KC)\hat{x}\end{aligned} \tag{A2.19}$$

となる。式(A2.18) と式(A2.19) をまとめて次式を得る。

$$\frac{d}{dt}\begin{bmatrix} x \\ \hat{x} \end{bmatrix}=\begin{bmatrix} A & BF \\ -KC & A+BF+KC \end{bmatrix}\begin{bmatrix} x \\ \hat{x} \end{bmatrix} \tag{A2.20}$$

さらに詳しく

式(A2.17) は

$$u=F\hat{x}=[0 \quad F]\begin{bmatrix} x \\ \hat{x} \end{bmatrix} \tag{A2.21}$$

と書くことができるから，式(A2.21) を式(A2.8) に代入することで

$$\frac{d}{dt}\begin{bmatrix} x \\ \hat{x} \end{bmatrix} = \begin{bmatrix} A & 0 \\ -KC & A+KC \end{bmatrix}\begin{bmatrix} x \\ \hat{x} \end{bmatrix} + \begin{bmatrix} B \\ B \end{bmatrix}\begin{bmatrix} 0 & F \end{bmatrix}\begin{bmatrix} x \\ \hat{x} \end{bmatrix}$$

$$= \begin{bmatrix} A & 0 \\ -KC & A+KC \end{bmatrix}\begin{bmatrix} x \\ \hat{x} \end{bmatrix} + \begin{bmatrix} 0 & BF \\ 0 & BF \end{bmatrix}\begin{bmatrix} x \\ \hat{x} \end{bmatrix}$$

$$= \begin{bmatrix} A & BF \\ -KC & A+BF+KC \end{bmatrix}\begin{bmatrix} x \\ \hat{x} \end{bmatrix} \qquad \text{(A2.20 再掲)}$$

を得る。

---

(5)

座標変換行列

$$T = \begin{bmatrix} I & 0 \\ I & -I \end{bmatrix} \qquad \text{(A2.22)}$$

を用いて，式(A2.20) に対して座標変換

$$\begin{bmatrix} x \\ \hat{x} \end{bmatrix} = T\begin{bmatrix} x \\ e \end{bmatrix} \qquad \text{(A2.23)}$$

を行う。

$$T^{-1}\bar{A}_F T$$

$$= \begin{bmatrix} I & 0 \\ I & -I \end{bmatrix}^{-1}\begin{bmatrix} A & BF \\ -KC & A+BF+KC \end{bmatrix}\begin{bmatrix} I & 0 \\ I & -I \end{bmatrix}$$

$$= \begin{bmatrix} I & 0 \\ I & -I \end{bmatrix}\begin{bmatrix} A+BF & -BF \\ A+BF & -A-BF-KC \end{bmatrix}$$

$$= \begin{bmatrix} A+BF & -BF \\ 0 & A+KC \end{bmatrix} \qquad \text{(A2.24)}$$

であるから

$$\frac{d}{dt}\begin{bmatrix} x \\ e \end{bmatrix} = \begin{bmatrix} A+BF & -BF \\ 0 & A+KC \end{bmatrix}\begin{bmatrix} x \\ e \end{bmatrix} \qquad \text{(A2.25)}$$

と求められる。

(6)

座標変換前の併合系 (A2.20) と変換後の併合系 (A2.25) は，システム行列の固有値が同じなので，それらの安定性も同じである。変換後の式(A2.25) の固有

値を計算しよう。固有値は

$$\begin{vmatrix} sI-A-BF & BF \\ 0 & sI-A-KC \end{vmatrix} = 0 \tag{A2.26}$$

で求めることができる。式(A2.26) は行列式の公式から

$$|sI-A-BF||sI-A-KC| = 0 \tag{A2.27}$$

と書き直すことができる。

併合系の固有値は，式(A2.27) から，状態が直接観測できる条件のもとで状態フィードバック制御を施して構成する閉ループ系の固有値と，オブザーバの固有値からなっていることがわかる。すなわち，それぞれを安定になるように設計すれば，併合系は安定となる。

このことは，状態フィードバック系の設計とオブザーバの設計を分離して，それぞれ独立に行ってよいことを意味しており，これを分離定理という。

東京工業大学大学院課程（修士課程）

工学院 機械系・システム制御系

平成 29 年度入試 （平成 28 年 8 月実施問題　抜粋）

試験問題 問題 6 （制御理論）

問 1　**図 1** に示すシステムを考える。ただし $r(s)$，$y(s)$，$d(s)$ はそれぞれ入力 $r(t)$，出力 $y(t)$，外乱 $d(t)$ をラプラス変換したものとする。また文中の K は正の定数とする。

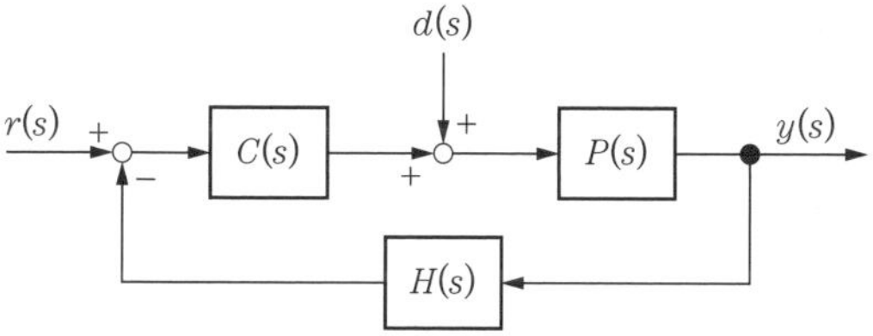

図 1

（1） $H(s)=0$，すなわちフィードバックが無いとき，$y(s)$ を $C(s)$，$P(s)$，$r(s)$，$d(s)$ により表せ。

（2） $C(s)=K$，$P(s)=\dfrac{1}{s+1}$，$H(s)=0$ のシステムに $r(t)=0$，$d(t)=1$ が印加されたとき，$y(t)$ の定常値を求めよ。

（3） $H(s)=1$，すなわちフィードバックが有るとき，$y(s)$ を $C(s)$，$P(s)$，$r(s)$，$d(s)$ により表せ。

（4）　$C(s)=K$，$P(s)=\dfrac{1}{s+1}$，$H(s)=1$ のシステムに $r(t)=0$，$d(t)=1$ が印加されたとき，（2）の場合と比べて $y(t)$ の定常値が何倍になるか求めよ。

（5）　$C(s)=\dfrac{K}{s}$，$P(s)=\dfrac{1}{s+1}$，$H(s)=1$ としたとき，ナイキスト軌跡の概形を図示し，安定性を判定せよ。

（6）　新たに $P(s)=\dfrac{1}{s-1}$ が与えられた。$H(s)=1$ とし，$C(s)=\dfrac{K(s-1)}{s+1}$ とコントローラを定めたとき，このシステムが内部安定であるか判定せよ。その際，K の値との関係に言及せよ。

問 2　次の状態方程式で表されるシステムについて以下の問いに答えよ。ただし，a は実数とする。

$$\frac{dx}{dt}=Ax+Bu,\qquad x=\begin{pmatrix}x_1\\x_2\end{pmatrix},\quad A=\begin{pmatrix}a-1 & 1\\ 2 & a-2\end{pmatrix},\quad B=\begin{pmatrix}1\\1\end{pmatrix}$$

$$y=Cx,\qquad C=(1\quad 2)$$

（1）　この状態方程式の可制御性を判断せよ。

（2）　以下の座標変換を用いて，状態を $\bar{x}$ とする状態方程式を求めよ。

$$x=T\bar{x},\quad T=\begin{pmatrix}1 & 0\\ 1 & 1\end{pmatrix},\quad \bar{x}=\begin{pmatrix}\bar{x}_1\\ \bar{x}_2\end{pmatrix}$$

（3）　$\bar{x}$ 座標系での状態フィードバック

$$u=\bar{F}\bar{x},\quad \bar{F}=(\,\bar{f}_1\quad \bar{f}_2)$$

を施した $\bar{x}$ 座標系での閉ループ系の状態方程式を示し，閉ループ系の極を求めよ。

（4）　（3）の状態フィードバックにより閉ループ系が安定化できるための a の条件を求めよ。

（5）　閉ループ系の極が重根となる（3）の状態フィードバックをすべて求めよ。

問1　解答

(1)

フィードバックがないとき，図1のブロック線図は**図 A.1** となる。

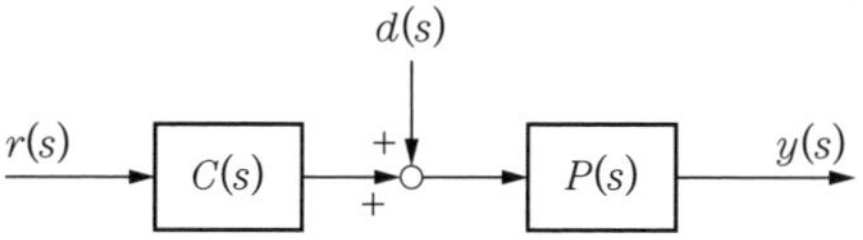

図 A.1

$d(s)=0$ として，$r(s)$ から $y(s)$ までの信号の流れに着目して（**図 A.2**(a)），直列結合を等価変換する（図(b)）。

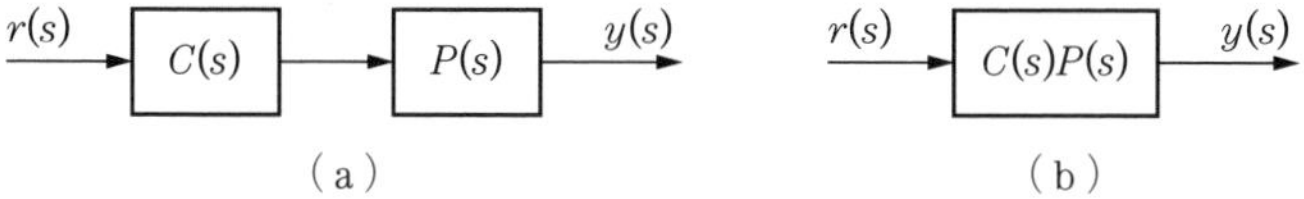

図 A.2

$r(s)=0$ として，$d(s)$ から $y(s)$ までの信号の流れに着目すれば，**図 A.3** となる。

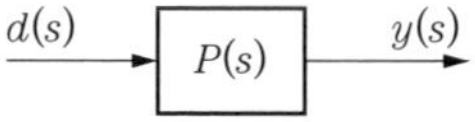

図 A.3

図 A.2 と図 A.3 から**図 A.4** を得る。

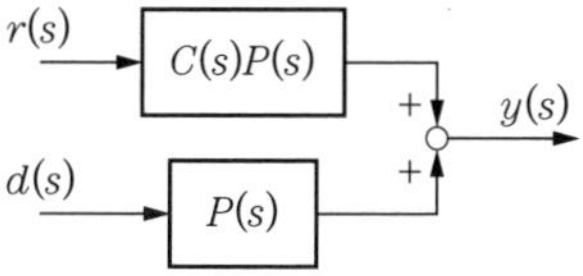

図 A.4

よって，$y(s)$ はつぎのように表すことができる。

$$\underline{y(s)=C(s)P(s)r(s)+P(s)d(s)} \tag{A1.1}$$

(2)

つぎのように式(A1.1)に，$C(s)=K$，$P(s)=\dfrac{1}{s+1}$，$r(s)=0$ を代入する。

$$y(s) = \frac{1}{s+1} d(s) \tag{A1.2}$$

$d(s)$ に単位ステップ信号が入力されるときの $y(t)$ の定常値 y_s は，ラプラス変換の最終値の定理を用いてつぎのように計算される。

$$\begin{aligned} y_s &= \lim_{s \to 0} s y(s) \\ &= \lim_{s \to 0} s \cdot \frac{1}{s+1} \cdot \frac{1}{s} = 1 \end{aligned} \tag{A1.3}$$

(3)

フィードバックがあるとき，$d(s) = 0$ として，$r(s)$ から $y(s)$ までの信号の流れに着目してブロック線図の等価変換を行うと，**図 A.5** のようになる。

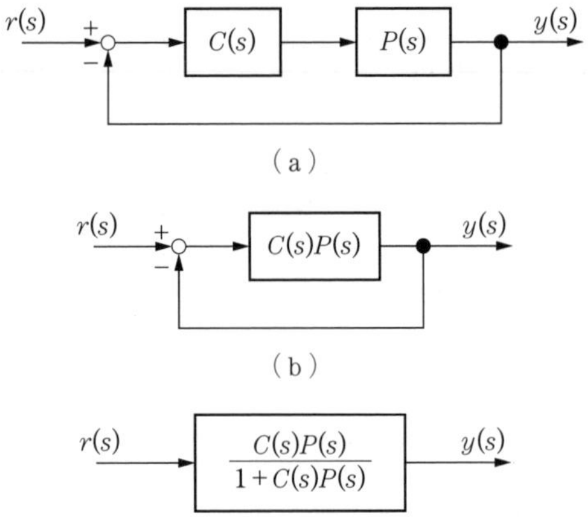

（c）

図 A.5

つぎに，$r(s) = 0$ として，$d(s)$ から $y(s)$ までの信号の流れに着目すれば，**図 A.6** となる。

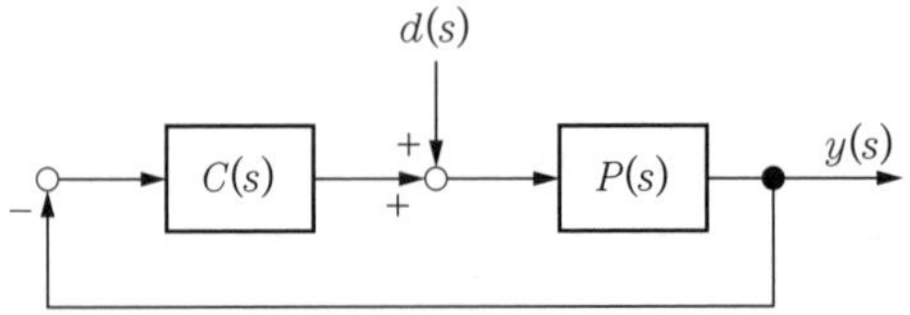

図 A.6

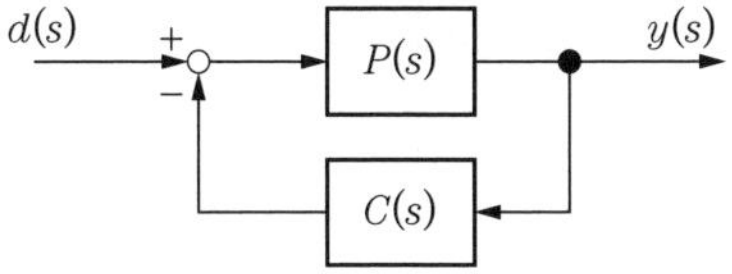

図 A.7

$d(s)$ をブロック線図の左側に移動して整える（**図 A.7**）。

フィードバック結合を等価変換して**図 A.8** となる。

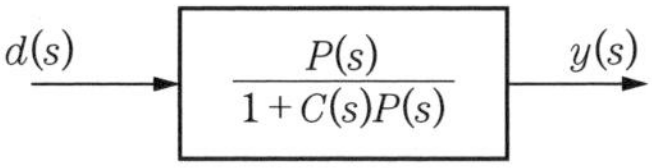

図 A.8

図 A.5(c) と図 A.8 を合わせることで**図 A.9** を得る。

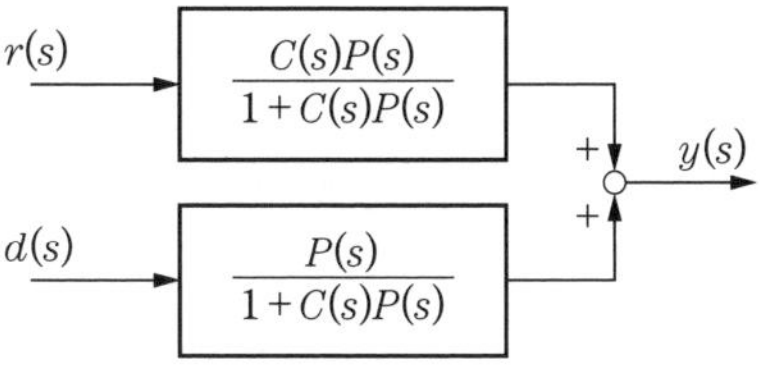

図 A.9

図 A.9 から，フィードバックがあるときの $y(s)$ は

$$y(s)=\frac{C(s)P(s)}{1+C(s)P(s)}r(s)+\frac{P(s)}{1+C(s)P(s)}d(s) \tag{A1.4}$$

と表される。

(4)

つぎのように式(A1.4) に，$C(s)=K$，$P(s)=\frac{1}{s+1}$，$r(s)=0$ を代入する。

$$y(s)=\frac{\frac{1}{s+1}}{1+\frac{K}{s+1}}d(s)=\frac{1}{s+1+K}d(s) \tag{A1.5}$$

$d(s)$ に単位ステップ信号が入力されるときの $y(t)$ の定常値 y_s は，ラプラス変換の最終値の定理を用いてつぎのように計算される。

$$y_s=\lim_{s\to 0} sy(s)$$
$$=\lim_{s\to 0} s\cdot\frac{1}{s+1+K}\cdot\frac{1}{s}=\frac{1}{1+K} \tag{A1.6}$$

式(A1.3) に比べて $\frac{1}{1+K}$ 倍になることがわかる。

(5)

一巡伝達関数 $L(s)$ は

$$L(s)=C(s)P(s)H(s)$$
$$=\frac{K}{s}\cdot\frac{1}{s+1}\cdot 1=\frac{K}{s(s+1)} \tag{A1.7}$$

であるから，一巡周波数伝達関数は

$$L(j\omega)=\frac{K}{j\omega(j\omega+1)} \tag{A1.8}$$

となる。題意より $K>0$ であるから，式(A1.8) のゲインと位相はつぎの式で計算される。

$$|L(j\omega)|=\left|\frac{K}{j\omega(j\omega+1)}\right|=\frac{K}{\omega\sqrt{\omega^2+1}} \tag{A1.9}$$

$$\angle L(j\omega)=\angle K-\angle j\omega-\angle(j\omega+1)$$
$$=0-\frac{\pi}{2}-\tan^{-1}\frac{\omega}{1} \tag{A1.10}$$

① $\omega\ll 1$ のとき

$\omega^2\ll\omega\ll 1$ であるから，式(A1.9) と式(A1.10) は

$$|L(j\omega)|=\frac{K}{\omega\sqrt{0+1}}=\frac{K}{\omega} \tag{A1.11}$$

$$\angle L(j\omega)=-\frac{\pi}{2}-\tan^{-1}0=-\frac{\pi}{2}-0=-\frac{\pi}{2}\ \text{〔rad〕} \tag{A1.12}$$

とみなすことができ，ゲインは $\omega\to 0$ において次式となる。

$$\lim_{\omega\to 0}|L(j\omega)|=\lim_{\omega\to 0}\frac{K}{\omega\sqrt{\omega^2+1}}=\infty \tag{A1.13}$$

②　$\omega \gg 1$ のとき

$\omega^2 \gg \omega \gg 1$ であるから，式(A1.9) と式(A1.10) は

$$|L(j\omega)| = \frac{K}{\omega\sqrt{\omega^2}} = \frac{K}{\omega^2} \tag{A1.14}$$

$$\angle L(j\omega) = -\frac{\pi}{2} - \tan^{-1}\omega \tag{A1.15}$$

とみなすことができ，ゲインと位相は $\omega \to \infty$ において次式となる。

$$\lim_{\omega\to\infty}|L(j\omega)| = \lim_{\omega\to\infty}\frac{K}{\omega\sqrt{\omega^2+1}} = 0 \tag{A1.16}$$

$$\lim_{\omega\to\infty}\angle L(j\omega) = -\frac{\pi}{2} - \tan^{-1}\infty = -\frac{\pi}{2} - \frac{\pi}{2} = -\pi \text{〔rad〕} \tag{A1.17}$$

③　両軸との交点を調べる

そのために，式(A1.8) をつぎのように有理化しよう。

$$L(j\omega) = \frac{K}{j\omega(j\omega+1)} \cdot \frac{-j\omega}{-j\omega} \cdot \frac{-j\omega+1}{-j\omega+1} = \frac{K(-\omega^2 - j\omega)}{\omega^2(\omega^2+1)}$$

$$= \frac{-K}{\omega^2+1} + j\frac{-K}{\omega(\omega^2+1)} \tag{A1.18}$$

ナイキスト軌跡が実軸と交差するのは，式(A1.18) の虚部がゼロとなるときである。また，虚軸と交差するのは，同式の実部がゼロとなるときである。式(A1.18) から，ゼロとなるのは $\omega \to \infty$ のときだけであって，このときナイキスト軌跡は原点に収束する。また，式(A1.18) から，実部，虚部ともにつねに負となることから，第三象限にナイキスト軌跡は存在する。

以上をまとめると，ナイキスト軌跡は $\omega \to 0$ においてゲインは無限大で位相は $-\dfrac{\pi}{2}$ であることから，第三象限において実軸負の方向に発散する。ω が大きくなるにつれて，第三象限内を移動しながら原点に接近する。その間，両軸と交差することはない。$\omega \to \infty$ において，ゲインはゼロで位相は $-\pi$ であることから，実軸負の方向から原点に収束する。

ナイキスト軌跡の概形は**図 A.10** のようになる。

パラメータ K の値を大きくしてもナイキスト軌跡はつねに第三象限に存在し，点 $-1+j0$ よりも左側で実軸と交差することはない。したがって，このシ

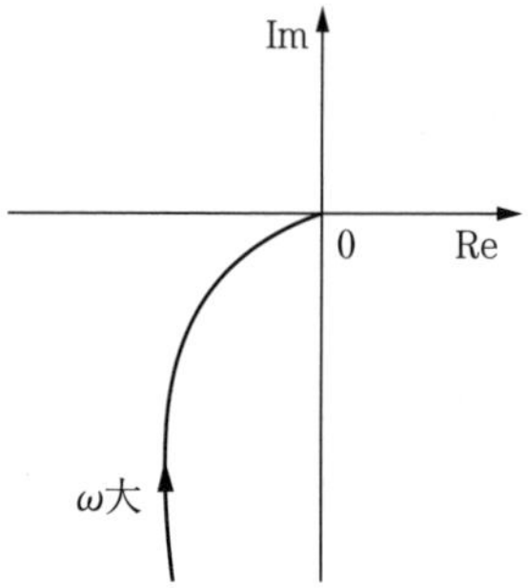

図 A.10

ステムはパラメータ K の値によらず安定である。

(6)

フィードバックがあるときの $y(s)$ は

$$y(s)=\frac{C(s)P(s)}{1+C(s)P(s)}r(s)+\frac{P(s)}{1+C(s)P(s)}d(s) \qquad \text{(A1.4 再掲)}$$

で表されるから，式(A1.4) に $P(s)=\dfrac{1}{s-1}$，$C(s)=\dfrac{K(s-1)}{s+1}$ を代入するとつぎのようになる。

$$y(s)=\frac{\dfrac{K(s-1)}{s+1}\cdot\dfrac{1}{s-1}}{1+\dfrac{K(s-1)}{s+1}\cdot\dfrac{1}{s-1}}r(s)+\frac{\dfrac{1}{s-1}}{1+\dfrac{K(s-1)}{s+1}\cdot\dfrac{1}{s-1}}d(s)$$

$$=\frac{\dfrac{K}{s+1}}{1+\dfrac{K}{s+1}}r(s)+\frac{\dfrac{1}{s-1}}{1+\dfrac{K}{s+1}}d(s)$$

$$=\frac{K}{s+1+K}r(s)+\frac{s+1}{(s-1)(s+1+K)}d(s) \qquad \text{(A1.19)}$$

式(A1.19) の右辺第 2 項は，外乱 $d(s)$ から制御量 $y(s)$ までの伝達関数を表しており，この伝達関数の極は，$\lambda_1=1$，$\lambda_2=-1-K$ である。題意からパラメータ K は正の定数であるから，λ_2 は K の値によらずつねに安定である。これに対して，λ_1 はパラメータ K を調整してもつねに不安定である。よって，外乱 $d(s)$ から制御量 $y(s)$ までの伝達関数が不安定なので，このシステムは内部安定ではない。

さらに詳しく

閉ループ系の外部入力信号である目標値 $r(s)$ および外乱 $d(s)$ のそれぞれから，操作量 $u(s)$ および制御量 $y(s)$ それぞれまでの四つの伝達関数のすべてが安定であるとき，そのシステムは内部安定であるという。

式(A1.19) において，$r(s)=0$ としたうえで $d(s)$ に大きさが d_0 のインパルス信号が入力されたとき，$y(s)$ は

$$y(s)=\frac{s+1}{(s-1)(s+1+K)}d_0=\frac{A}{s-1}d_0+\frac{B}{s+1+K}d_0 \qquad \text{(A1.20)}$$

ただし

$$A=\left.\frac{s+1}{s+1+K}\right|_{s=1}=\frac{2}{2+K} \qquad \text{(A1.21)}$$

$$B=\left.\frac{s+1}{s-1}\right|_{s=-1-K}=\frac{-1-K+1}{-1-K-1}=\frac{-K}{-2-K}=\frac{K}{2+K} \qquad \text{(A1.22)}$$

に分解できる。式(A1.20) を逆ラプラス変換して

$$y(t)=Ae^{t}d_0+Be^{-(1+K)t}d_0 \qquad \text{(A1.23)}$$

となるから，式(A1.23) の右辺第 1 項は $t\to\infty$ で無限大に発散する。

さて，図 1 に示されたシステムにおいて

$$P(s)=\frac{N_P(s)}{D_P(s)}, \quad C(s)=\frac{N_C(s)}{D_C(s)}, \quad H(s)=1 \qquad \text{(A1.24)}$$

のように，分母多項式と分子多項式で表現する。このとき $r(s)$ から $y(s)$ までの伝達関数 $G_{yr}(s)$ は

$$G_{yr}(s)=\frac{y(s)}{r(s)}=\frac{C(s)P(s)}{1+C(s)P(s)}$$

$$=\frac{\dfrac{N_C(s)}{D_C(s)}\cdot\dfrac{N_P(s)}{D_P(s)}}{1+\dfrac{N_C(s)}{D_C(s)}\cdot\dfrac{N_P(s)}{D_P(s)}}=\frac{N_C(s)N_P(s)}{D_C(s)D_P(s)+N_C(s)N_P(s)} \qquad \text{(A1.25)}$$

となり，また，$d(s)$ から $y(s)$ までの伝達関数 $G_{yd}(s)$ は

$$G_{yd}(s)=\frac{y(s)}{d(s)}=\frac{P(s)}{1+C(s)P(s)}$$

$$=\frac{\dfrac{N_P(s)}{D_P(s)}}{1+\dfrac{N_C(s)}{D_C(s)}\cdot\dfrac{N_P(s)}{D_P(s)}}=\frac{D_C(s)N_P(s)}{D_C(s)D_P(s)+N_C(s)N_P(s)} \tag{A1.26}$$

となる。

さらに，図1においてコントローラ $C(s)$ の出力を $u(s)$ とすれば，$r(s)$ から $u(s)$ までの伝達関数 $G_{ur}(s)$ は

$$G_{ur}(s)=\frac{C(s)}{1+C(s)P(s)} \tag{A1.27}$$

であるから，式(A1.27) に式(A1.24) を代入することでつぎのようになる。

$$G_{ur}(s)=\frac{\dfrac{N_C(s)}{D_C(s)}}{1+\dfrac{N_C(s)}{D_C(s)}\cdot\dfrac{N_P(s)}{D_P(s)}}$$

$$=\frac{N_C(s)D_P(s)}{D_C(s)D_P(s)+N_C(s)N_P(s)} \tag{A1.28}$$

最後に，$d(s)$ から $u(s)$ までの伝達関数を考えよう。図1においてつぎの関係式が成り立つ。

$$u(s)=-C(s)P(s)\{u(s)+d(s)\} \tag{A1.29}$$

式(A1.29) を整理して

$$\frac{u(s)}{d(s)}=\frac{-C(s)P(s)}{1+C(s)P(s)} \tag{A1.30}$$

であるから，式(A1.30) に式(A1.24) を代入することでつぎのようになる。

$$G_{ud}(s)=\frac{u(s)}{d(s)}=\frac{-\dfrac{N_C(s)}{D_C(s)}\cdot\dfrac{N_P(s)}{D_P(s)}}{1+\dfrac{N_C(s)}{D_C(s)}\cdot\dfrac{N_P(s)}{D_P(s)}}$$

$$=\frac{-N_C(s)N_P(s)}{D_C(s)D_P(s)+N_C(s)N_P(s)} \tag{A1.31}$$

上記四つの伝達関数の分母はすべて同じであるから，この多項式を

$$\phi(s)=D_C(s)D_P(s)+N_C(s)N_P(s) \tag{A1.32}$$

とおいて，特性多項式と呼ぼう。特性多項式を使えば，四つの伝達関数はそれぞれ

$$G_{yr}(s)=\frac{N_C(s)N_P(s)}{\phi(s)},\quad G_{yd}(s)=\frac{D_C(s)N_P(s)}{\phi(s)} \tag{A1.33}$$

$$G_{ur}(s)=\frac{N_C(s)D_P(s)}{\phi(s)},\quad G_{ud}(s)=\frac{-N_C(s)N_P(s)}{\phi(s)} \tag{A1.34}$$

と書き直すことができる。

〈定理〉

システムが内部安定であるための必要十分条件は，特性多項式 (A1.32) を使った $\phi(s)=0$ のすべての根の実部が負となることである。

この定理を使うと

$P(s)=\dfrac{1}{s-1}$，$C(s)=\dfrac{K(s-1)}{s+1}$ のとき，特性多項式 $\phi(s)$ は

$$\begin{aligned}\phi(s)&=(s+1)(s-1)+K(s-1)\times 1\\&=(s+1+K)(s-1)\end{aligned} \tag{A1.35}$$

となるから，$\phi(s)=0$ とする根に不安定な $\lambda=1$ がある。よって，このシステムは内部安定ではないということが，容易に判定できる。

図 1 では，$P(s)$ と $C(s)$ が直列結合しており，等価変換は両者の積であるから

$$P(s)C(s)=\frac{1}{s-1}\cdot\frac{K(s-1)}{s+1} \tag{A1.36}$$

となる。式(A1.36) から明らかなように，不安定な極零相殺が生じている。このような場合には内部安定性は保証されない。すなわち，$P(s)$ と $C(s)$ の間に不安定な極零相殺が生じないことが，システムが内部安定であるための必要条件である。

問2　解答

(1)

可制御性行列 U_C を用いて判定する。

$$AB=\begin{bmatrix} a-1 & 1 \\ 2 & a-2 \end{bmatrix}\begin{bmatrix} 1 \\ 1 \end{bmatrix}=\begin{bmatrix} a \\ a \end{bmatrix} \tag{A2.1}$$

であるから

$$U_C=[B \quad AB]=\begin{bmatrix} 1 & a \\ 1 & a \end{bmatrix} \tag{A2.2}$$

となる。式(A2.2) から

$$|U_C|=a-a=0 \tag{A2.3}$$

なので，このシステムは不可制御である。

(2)

$$T^{-1}AT=\begin{bmatrix} 1 & 0 \\ 1 & 1 \end{bmatrix}^{-1}\begin{bmatrix} a-1 & 1 \\ 2 & a-2 \end{bmatrix}\begin{bmatrix} 1 & 0 \\ 1 & 1 \end{bmatrix}$$

$$=\frac{1}{1}\begin{bmatrix} 1 & 0 \\ -1 & 1 \end{bmatrix}\begin{bmatrix} a & 1 \\ a & a-2 \end{bmatrix}=\begin{bmatrix} a & 1 \\ 0 & a-3 \end{bmatrix} \tag{A2.4}$$

$$T^{-1}B=\begin{bmatrix} 1 & 0 \\ -1 & 1 \end{bmatrix}\begin{bmatrix} 1 \\ 1 \end{bmatrix}=\begin{bmatrix} 1 \\ 0 \end{bmatrix} \tag{A2.5}$$

$$CT=[1 \quad 2]\begin{bmatrix} 1 & 0 \\ 1 & 1 \end{bmatrix}=[3 \quad 2] \tag{A2.6}$$

と計算されるので，座標変換後のシステムは

$$\frac{d\bar{x}}{dt}=\bar{A}\bar{x}+\bar{B}u \tag{A2.7}$$

$$y=\bar{C}\bar{x} \tag{A2.8}$$

$$\bar{A}=\begin{bmatrix} a & 1 \\ 0 & a-3 \end{bmatrix}, \quad \bar{B}=\begin{bmatrix} 1 \\ 0 \end{bmatrix}, \quad \bar{C}=[3 \quad 2] \tag{A2.9}$$

となる。

さらに詳しく

システム

$$\frac{dx}{dt}=Ax+Bu \tag{A2.10}$$

$$y=Cx \tag{A2.11}$$

に，正則な座標変換行列 T を用いて座標変換

$$x=T\bar{x} \tag{A2.12}$$

をしよう。行列 T は定数なので

$$\frac{dx}{dt}=T\frac{d\bar{x}}{dt} \tag{A2.13}$$

である。式(A2.12) と式(A2.13) を式(A2.10) と式(A2.11) に代入すると

$$T\frac{d\bar{x}}{dt}=AT\bar{x}+Bu \tag{A2.14}$$

$$y=CT\bar{x} \tag{A2.15}$$

となるので，式(A2.14) の両辺に左から T^{-1} を掛けて

$$\frac{d\bar{x}}{dt}=\bar{A}\bar{x}+\bar{B}u \tag{A2.16}$$

$$y=\bar{C}\bar{x} \tag{A2.17}$$

を得る。ただし

$$\bar{A}=T^{-1}AT, \quad \bar{B}=T^{-1}B, \quad \bar{C}=CT \tag{A2.18}$$

である。

座標変換の概念図を**図 A.11** に示す。入力と出力はそのままで，それらを結ぶ状態のみが変わることがよくわかる。対角正準形，可制御正準形，可観測正準形など，解析・設計を行いやすい形にすることを目的に座標変換を施す。

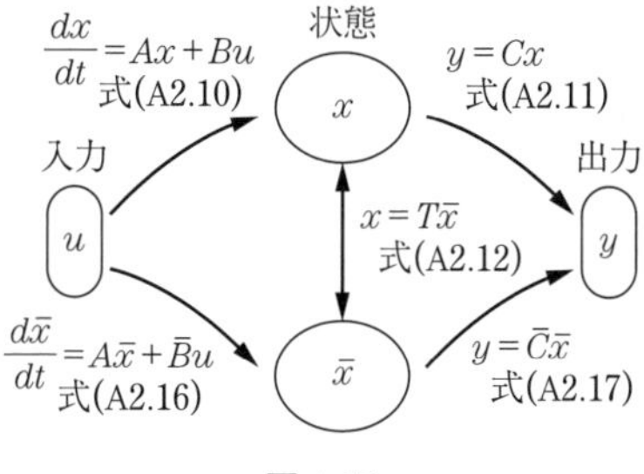

図 A.11

（**3**）

座標変換後のシステム

$$\frac{d\bar{x}}{dt}=\bar{A}\bar{x}+\bar{B}u \tag{A2.7 再掲}$$

$$y=\bar{C}\bar{x} \tag{A2.8 再掲}$$

$$\bar{A}=\begin{bmatrix} a & 1 \\ 0 & a-3 \end{bmatrix},\quad \bar{B}=\begin{bmatrix} 1 \\ 0 \end{bmatrix},\quad \bar{C}=[3 \quad 2] \tag{A2.9 再掲}$$

に状態フィードバック

$$u=\bar{F}\bar{x},\quad \bar{F}=[\,\bar{f}_1 \quad \bar{f}_2] \tag{A2.19}$$

を施すと，閉ループ系の状態方程式は次式となる。

$$\frac{d\bar{x}}{dt}=\bar{A}\bar{x}+\bar{B}\bar{F}\bar{x}=(\bar{A}+\bar{B}\bar{F})\bar{x}$$

$$=\left\{\begin{bmatrix} a & 1 \\ 0 & a-3 \end{bmatrix}+\begin{bmatrix} 1 \\ 0 \end{bmatrix}[\,\bar{f}_1 \quad \bar{f}_2]\right\}\bar{x}$$

$$=\begin{bmatrix} a+\bar{f}_1 & 1+\bar{f}_2 \\ 0 & a-3 \end{bmatrix}\bar{x} \tag{A2.20}$$

また，閉ループ系の極は

$$|sI-\bar{A}-\bar{B}\bar{F}|=0 \tag{A2.21}$$

で得られるから

$$\left|\begin{bmatrix} s & 0 \\ 0 & s \end{bmatrix}-\begin{bmatrix} a+\bar{f}_1 & 1+\bar{f}_2 \\ 0 & a-3 \end{bmatrix}\right|$$

$$=\begin{vmatrix} s-a-\bar{f}_1 & -1-\bar{f}_2 \\ 0 & s-a+3 \end{vmatrix}$$

$$=(s-a-\bar{f}_1)(s-a+3)=0 \tag{A2.22}$$

より，$\lambda_1=a+\bar{f}_1$，$\lambda_2=a-3$ となる。

（**4**）

閉ループ系が安定となるには，二つの固有値 $\lambda_1=a+\bar{f}_1$ と $\lambda_2=a-3$ のどちらも安定でなくてはならない。

このうち，λ_1 は，任意の a に対してフィードバックゲイン $\bar{f}_1$ を調節することで安定化できる。しかしながら，λ_2 には調節できるパラメータはない。よって

$$a-3<0$$

$$\therefore \quad a<3 \tag{A2.23}$$

が，閉ループ系が安定化できるための a の条件となる。

さらに詳しく

問 2 の（1）において与えられたシステムは不可制御であることが判明している。すなわち，閉ループ系のすべての固有値の位置を任意に配置することはできない。

問 2 の（3），（4）において，固有値 λ_1 は任意の位置に配置できるものの，固有値 λ_2 は任意の位置に配置できないことがわかった。

（5）

固有値 λ_2 は $a-3$ に固定される。したがって，重根にするには，固有値 λ_1 を $a-3$ にすればよい。固有値 λ_1 は固有値 $a+\bar{f}_1$ であるから，フィードバックゲインの要素 $\bar{f}_1$ は

$$\bar{f}_1=-3 \tag{A2.24}$$

と求められる。もう一つの要素 $\bar{f}_2$ は任意となる。

所望の状態フィードバックはつぎのようになる。

$$u=\bar{F}\bar{x}, \quad \bar{F}=[-3 \quad k] \tag{A2.25}$$

ただし，k は任意である。

電気通信大学大学院 情報理工学研究科 博士前期課程

機械知能システム学専攻

令和 2 年度入試 （令和元年 8 月実施問題　抜粋）

試験問題　（制御工学）

以下の問 1 と問 2 を答えよ．問題は複数ページにまたがるので注意せよ．また，ある時間信号 $g(t)$ に対するラプラス変換は $G(s)$ と表し，s はラプラス演算子とする．

問 1　**図 1** に示すフィードバック制御システムを考える．

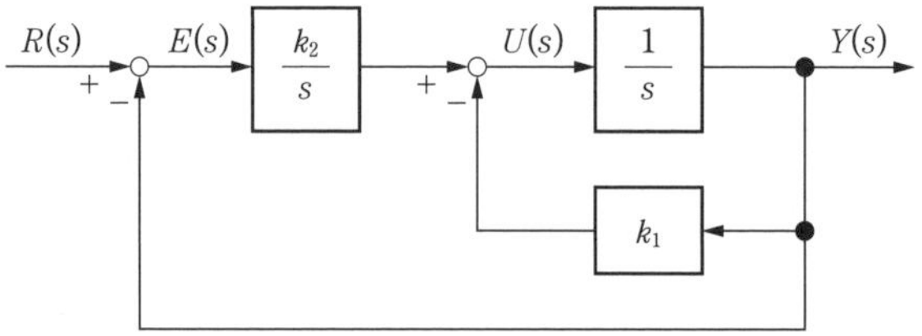

図 1　フィードバック制御システム

（1）　入力 $R(s)$ から出力 $Y(s)$ までの伝達関数 $G_R(s)$ を求めよ．

（2）　以下の (a) 式に示す規範モデル $M(s)$

$$M(s) = \frac{1}{1 + s + 0.5s^2} \tag{a}$$

が与えられたとする．伝達関数 $G_R(s)$ と規範モデル $M(s)$ が一致する，すなわち，$G_R(s) = M(s)$ となる比例ゲイン k_1 と積分ゲイン k_2 の値を求めよ．

(3)　(2) で求めた比例ゲイン k_1 と積分ゲイン k_2 を有するフィードバック制御システムの入力 $R(s)$ にランプ信号を加えたとする．このとき，偏差 $E(s)$ の定常偏差 $\lim_{t\to\infty} e(t)$ を求めよ．

キーワード：Keywords

時間信号：Time signal，ラプラス変換：Laplace transformation，ラプラス演算子：Laplace operator，フィードバック制御システム：Feedback control system，入力：Input，出力：Output，伝達関数：Transfer function，規範モデル：Reference model，比例：Proportional，ゲイン：Gain，積分：Integral，ランプ：Ramp，偏差：Error，定常偏差：Steady–state error

問 2　つぎの (b) 式に示す状態方程式を有するシステムを考える．

$$\frac{\mathrm{d}}{\mathrm{d}t}\begin{bmatrix} x_1(t) \\ x_2(t) \end{bmatrix} = \begin{bmatrix} 0 & 1 \\ -a & -b \end{bmatrix}\begin{bmatrix} x_1(t) \\ x_2(t) \end{bmatrix} + \begin{bmatrix} 0 \\ 1 \end{bmatrix} u(t),$$

$$y(t) = [1 \quad 0]\begin{bmatrix} x_1(t) \\ x_2(t) \end{bmatrix}, \quad \begin{bmatrix} x_1(0) \\ x_2(0) \end{bmatrix} = \begin{bmatrix} 0 \\ 0 \end{bmatrix} \qquad \text{(b)}$$

(1)　入力 $u(t)$ から出力 $y(t)$ までのシステム (b) 式の伝達関数を求めよ．同時に，求まった伝達関数の極が安定になるための a と b の条件を答えよ．

(2)　$a=3$，$b=4$ のとき，以下の (c) 式の出力フィードバック制御器をシステム (b) 式に適用したとする．

$$u(t) = -ky(t) + r(t) \qquad \text{(c)}$$

入力 $r(t)$ から出力 $y(t)$ までの閉ループシステムの極が安定かつ重根となる定数ゲイン k を求めよ．

(3)　$a=\delta$，$b=-\delta$ のとき，以下の (d) 式の状態フィードバック制御器をシステム (b) 式に適用したとする．

$$u(t) = [-3 \quad -4]\begin{bmatrix} x_1(t) \\ x_2(t) \end{bmatrix} + r(t) \qquad \text{(d)}$$

入力 $r(t)$ から出力 $y(t)$ までの閉ループシステムの極が安定になるパラメータ δ の範囲を求めよ.

キーワード：Keywords

状態方程式：State-space equation，極：Pole，安定：Stable，フィードバック制御器：Feedback controller，閉ループ：Closed loop，重根：Multiple root，状態：State

問 1　解答

(1)

図 A.1 の内側のフィードバック結合を等価変換して**図 A.2** となる。

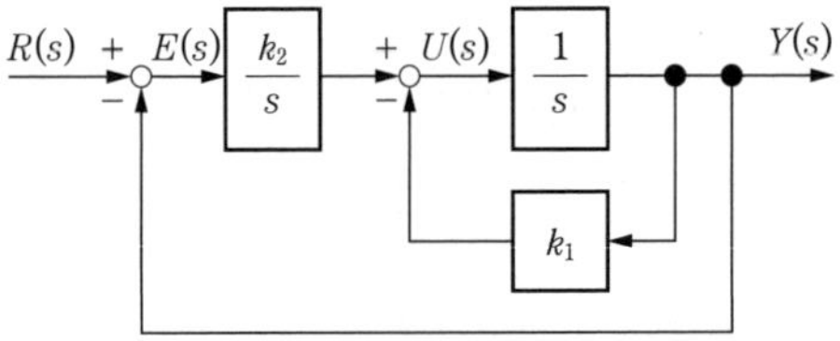

図 A.1

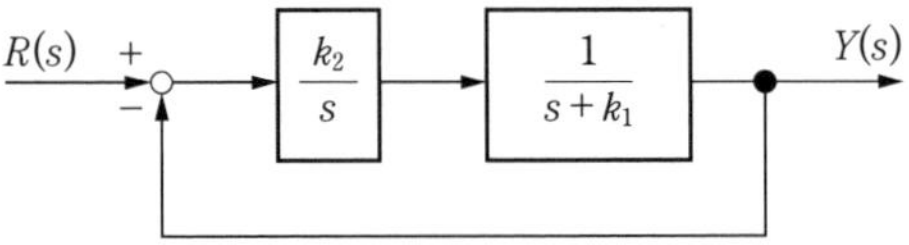

図 A.2

直列結合の等価変換をしたのち（**図 A.3**(a)），フィードバック結合を等価変換する（図(b)）。

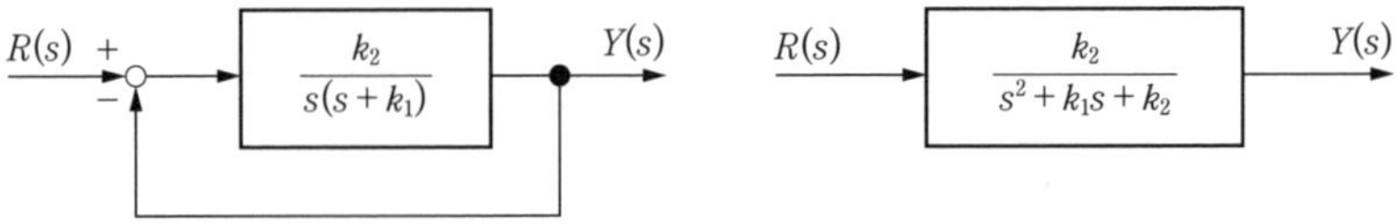

(a)　　(b)

図 A.3

図 A.3 より，$R(s)$ から $Y(s)$ までの伝達関数 $G_R(s)$ は

$$G_R(s)=\frac{k_2}{s^2+k_1 s+k_2} \tag{A1.1}$$

となる。

(2)

式(A1.1) の分母と分子を k_2 で割ると

$$G_R(s)=\frac{1}{1+\dfrac{k_1}{k_2}s+\dfrac{1}{k_2}s^2} \tag{A1.2}$$

となるから，式(A1.2) と

$$M(s)=\frac{1}{1+s+0.5s^2} \tag{A1.3}$$

を係数比較して

$$\frac{1}{k_2}=0.5 \tag{A1.4}$$

$$\frac{k_1}{k_2}=1 \tag{A1.5}$$

を得る。式(A1.4)，式(A1.5) を解いて

$$k_1=k_2=2 \tag{A1.6}$$

となる。

(3)

（ 2 ）で得た結果

$$k_1=k_2=2 \qquad \text{(A1.6 再掲)}$$

を図 A.3(a)に用いると**図 A.4** となる。

図 A.4 において，つぎの関係式が成り立つ。

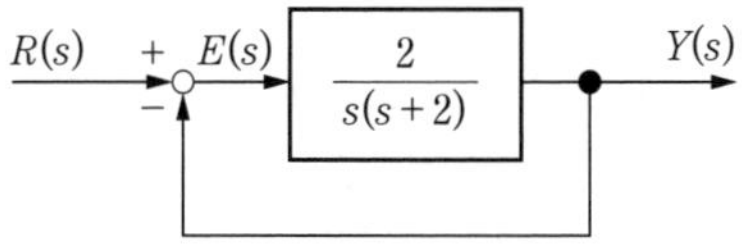

図 A.4

$$E(s) = R(s) - \frac{2}{s(s+2)}E(s) \tag{A1.7}$$

式(Λ1.7) を変形して

$$\left\{1 + \frac{2}{s(s+2)}\right\}E(s) = R(s)$$

$$\therefore \quad E(s) = \frac{s^2+2s}{s^2+2s+2}R(s) \tag{A1.8}$$

となる。

$R(s)$ に単位ランプ信号を加えたときの定常偏差 e_v は，ラプラス変換の最終値の定理を用いてつぎのように計算することができる。

$$\begin{aligned} e_v &= \lim_{s \to 0} sE(s) \\ &= \lim_{s \to 0} s \cdot \frac{s^2+2s}{s^2+2s+2} \cdot \frac{1}{s^2} \\ &= \lim_{s \to 0} \frac{s+2}{s^2+2s+2} = \underline{\underline{1}} \end{aligned} \tag{A1.9}$$

問 2　解答

(1)

システムは

$$\frac{dx(t)}{dt} = Ax(t) + bu(t) \tag{A2.1}$$

$$y(t) = cx(t) \tag{A2.2}$$

$$A = \begin{bmatrix} 0 & 1 \\ -a & -b \end{bmatrix}, \quad b = \begin{bmatrix} 0 \\ 1 \end{bmatrix}, \quad c = [1 \quad 0] \tag{A2.3}$$

で与えられている。このとき，$u(t)$ から $y(t)$ までの伝達関数は次式で求めることができる。

$$G(s) = \frac{Y(s)}{U(s)} = c(sI - A)^{-1}b \tag{A2.4}$$

まずは，つぎのように $(sI - A)^{-1}$ を計算しよう。

$$(sI - A)^{-1} = \begin{bmatrix} s & -1 \\ a & s+b \end{bmatrix}^{-1} = \frac{1}{s(s+b)+a}\begin{bmatrix} s+b & 1 \\ -a & s \end{bmatrix} \tag{A2.5}$$

したがって

$$G(s)=[1\quad 0]\frac{1}{s(s+b)+a}\begin{bmatrix}s+b & 1\\ -a & s\end{bmatrix}\begin{bmatrix}0\\1\end{bmatrix}$$

$$=\frac{1}{s^2+bs+a}[1\quad 0]\begin{bmatrix}1\\s\end{bmatrix}$$

$$=\frac{1}{s^2+bs+a} \tag{A2.6}$$

と求めることができる。

式(A2.6)の特性方程式

$$s^2+bs+a=0 \tag{A2.7}$$

にラウス・フルビッツの安定判別法を適用すれば，ラウス表はつぎのようになる。

s^2 行	1	a
s^1 行	b	0
s^0 行	a	

ラウス表の第1列のすべての要素が正であることが，システムが安定であるための必要十分条件である。したがって

$$a>0,\quad b>0 \tag{A2.8}$$

を得る。

(2)

システムの伝達関数

$$G(s)=\frac{1}{s^2+bs+a} \tag{A2.6 再掲}$$

に，$a=3$，$b=4$ を代入すると

$$G(s)=\frac{1}{s^2+4s+3} \tag{A2.9}$$

となる。このシステムに出力フィードバック制御

$$u(t)=-ky(t)+r(t) \tag{A2.10}$$

を施すときの閉ループ系のブロック線図は**図 A.5** のようになる。

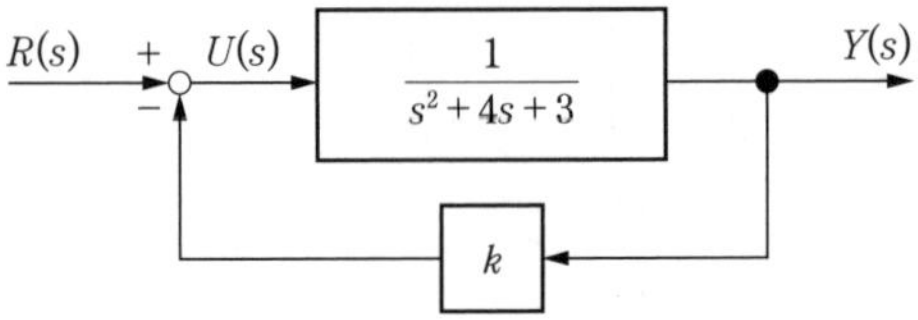

図 A.5

図 A.5 を使って，$R(s)$ から $Y(s)$ までの閉ループ系の伝達関数はつぎのように計算することができる。

$$\frac{Y(s)}{R(s)}=\frac{\dfrac{1}{s^2+4s+3}}{1+\dfrac{k}{s^2+4s+3}}=\frac{1}{s^2+4s+3+k} \tag{A2.11}$$

式(A2.11) の特性多項式

$$P(s)=s^2+4s+3+k \tag{A2.12}$$

を平方完成しよう。式(A2.12) は

$$P(s)=s^2+4s+3+k=(s+2)^2-1+k \tag{A2.13}$$

と書き直せるから，特性方程式 $P(s)=0$ が重根をもつには

$$k=1 \tag{A2.14}$$

でなくてはならない。

このとき閉ループ系の極は，安定な -2 の重根となる。

(3)

システム

$$\frac{dx(t)}{dt}=Ax(t)+bu(t) \tag{A2.1 再掲}$$

$$y(t)=cx(t) \tag{A2.2 再掲}$$

$$A=\begin{bmatrix} 0 & 1 \\ -\delta & \delta \end{bmatrix},\quad b=\begin{bmatrix} 0 \\ 1 \end{bmatrix},\quad c=[1\quad 0] \tag{A2.15}$$

に状態フィードバック制御

$$u(t)=-fx(t)+r(t) \tag{A2.16}$$

$$f = [3 \quad 4] \tag{A2.17}$$

を施すとき，閉ループ系の状態方程式はつぎのように書くことができる。

$$\begin{aligned} \frac{dx(t)}{dt} &= Ax(t) - bfx(t) + br(t) \\ &= (A - bf)x(t) + br(t) \end{aligned} \tag{A2.18}$$

このとき，出力方程式は式(A2.2)で変わらない。

題意から初期値をゼロとして式(A2.18)をラプラス変換する。

$$sX(s) = (A - bf)X(s) + bR(s) \tag{A2.19}$$

また，式(A2.2)もラプラス変換する。

$$Y(s) = cX(s) \tag{A2.20}$$

以下において，式(A2.19)と式(A2.20)から $X(s)$ を消去して $R(s)$ から $Y(s)$ までの伝達関数を求める。まず，つぎのように式(A2.19)を $X(s)$ について解く。

$$(sI - A + bf)X(s) = bR(s)$$

$$\therefore \quad X(s) = (sI - A + bf)^{-1}bR(s) \tag{A2.21}$$

つぎに，式(A2.21)の $X(s)$ を式(A2.20)に代入することで

$$Y(s) = c(sI - A + bf)^{-1}bR(s)$$

$$\therefore \quad \frac{Y(s)}{R(s)} = c(sI - A + bf)^{-1}b \tag{A2.22}$$

$R(s)$ から $Y(s)$ までの伝達関数を求めることができた。

式(A2.22)に式(A2.15)と式(A2.17)を代入して計算を進める。はじめに，$(sI - A + bf)^{-1}$ を求めよう。まず

$$\begin{aligned} A - bf &= \begin{bmatrix} 0 & 1 \\ -\delta & \delta \end{bmatrix} - \begin{bmatrix} 0 \\ 1 \end{bmatrix} [3 \quad 4] \\ &= \begin{bmatrix} 0 & 1 \\ -\delta & \delta \end{bmatrix} - \begin{bmatrix} 0 & 0 \\ 3 & 4 \end{bmatrix} \\ &= \begin{bmatrix} 0 & 1 \\ -\delta - 3 & \delta - 4 \end{bmatrix} \end{aligned} \tag{A2.23}$$

であるから

$$(sI - A + bf)^{-1} = \begin{bmatrix} s & -1 \\ \delta + 3 & s - \delta + 4 \end{bmatrix}^{-1}$$

$$= \frac{1}{s(s-\delta+4)+\delta+3}\begin{bmatrix} s-\delta+4 & 1 \\ -\delta-3 & s \end{bmatrix} \tag{A2.24}$$

となる。したがって，$R(s)$ から $Y(s)$ までの伝達関数は

$$\frac{Y(s)}{R(s)} = c(sI-A+bf)^{-1}b$$

$$= [1 \quad 0]\frac{1}{s(s-\delta+4)+\delta+3}\begin{bmatrix} s-\delta+4 & 1 \\ -\delta-3 & s \end{bmatrix}\begin{bmatrix} 0 \\ 1 \end{bmatrix}$$

$$= \frac{1}{s^2+(4-\delta)s+3+\delta}[1 \quad 0]\begin{bmatrix} 1 \\ s \end{bmatrix}$$

$$= \frac{1}{s^2+(4-\delta)s+3+\delta} \tag{A2.25}$$

と求められる。

伝達関数 (A2.25) の特性方程式

$$s^2+(4-\delta)s+3+\delta=0 \tag{A2.26}$$

についてラウス・フルビッツの安定判別法を適用すると，ラウス表はつぎのようになる。

s^2 行	1	$3+\delta$
s^1 行	$4-\delta$	0
s^0 行	$3+\delta$	

ラウス表の第 1 列のすべての要素が正となることが，システムが安定になることの必要十分条件である。したがって

$$-3<\delta<4 \tag{A2.27}$$

が求める範囲である。

名古屋工業大学大学院 工学研究科 博士前期課程

工学専攻 電気・機械工学系プログラム

■ 令和 3 年度入試 （令和 2 年 8 月実施問題　抜粋）

試験問題 問題 18 （制御工学）

I　**図 1** に示す質量―バネ―ダッシュポット（ダンパ）系において，質量を M，バネ定数を K，粘性減衰係数（粘性抵抗係数）を D とする。ただし運動は一直線上に拘束されているものとする。壁は固定されており，動かないものとする。外力 $f(t)$ から出力変位 $y(t)$ までの伝達関数を求めよ。

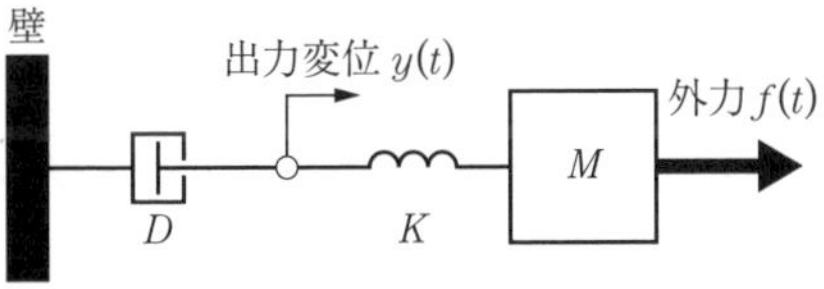

図 1

II　次の伝達関数 $P(s)$ で表される 2 次系を考える。ただし，α，β，γ は正の実数である。

$$P(s)=\frac{\gamma}{s^2+\alpha s+\beta}$$

次の（1）〜（2）の問いについて答えよ。

（1）　**表 1** は，この 2 次系に，入力としていくつかの角周波数 ω の正弦波信号を加えたときの，システムのゲインと位相を調べたものである。表から α，β，γ の値を求め，それを基に 2 次系の伝達関数 $P(s)$ のゲイン定数 K と減衰係数 ζ と固有角周波数 ω_n の値を求めよ。

表 1

角周波数　ω [rad/sec]	0	4	∞
ゲイン [dB]	0	0	$-\infty$
位相 [°]	0	-90	-180

（2） **図 2** のフィードバック制御系を考える。$r(t)=1$ $(t \geq 0)$ が加わったときの $y(t)$ の応答が次式と一致するようなコントローラの係数 (k_0, k_1, k_2) の値を，α, β, γ を用いて表せ。

$$y(t)=1-2e^{-t}+e^{-2t} \quad (t \geq 0)$$

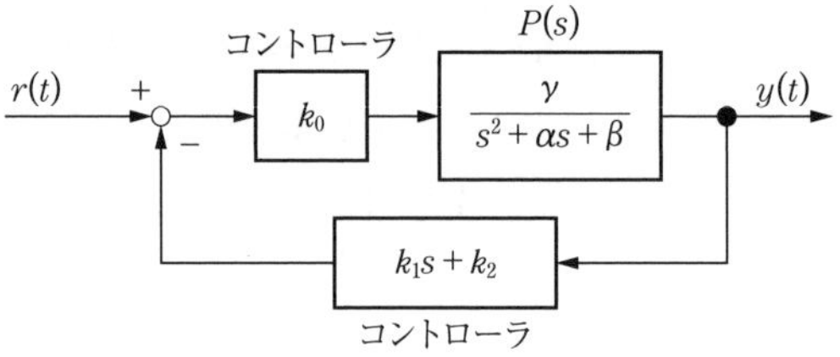

図 2

III　ある伝達関数 $G(s)$ で表現されるシステムのインパルス応答 $g(t)$ が

$$g(t)=2e^{-2t} \quad (t \geq 0)$$

となった。このシステムの伝達関数 $G(s)$ を答えよ。また，このシステムのステップ応答 $y(t)$ を計算せよ。

IV　次の（1）～（2）の問いについて答えよ。

（1） **図 3** のフィードバック制御系を等価変換すると**図 4** となる。このとき，$L(s)$ を $G(s)$ と $F(s)$ を用いて表せ。

（2） 図 4 のフィードバック制御系において，$d(t)=0$，$G(s)H(s)=\dfrac{K}{0.2s^3+1.2s^2+s}$（$K$ は正の実数）とする。ゲイン K を 0 から ∞

に変化させたときの閉ループ伝達関数の極は，$G(s)H(s)$ の極（**図 5** 中の×）から出発し，図 5 の矢印の方向に推移した。図 5 において，2 個の極が虚軸と交差するとき（図 5 中の●）の K の値を求めよ。

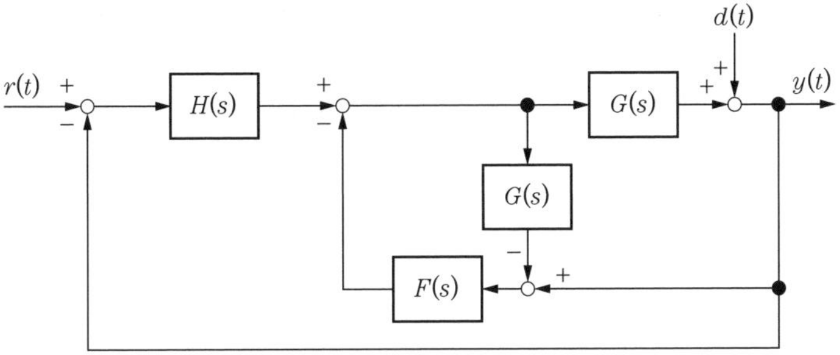

図 3

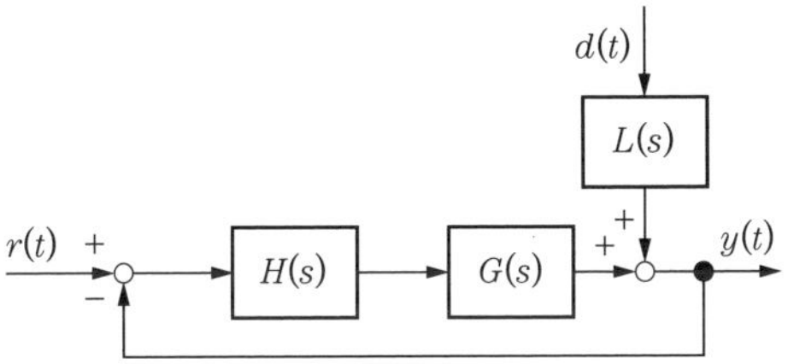

図 4

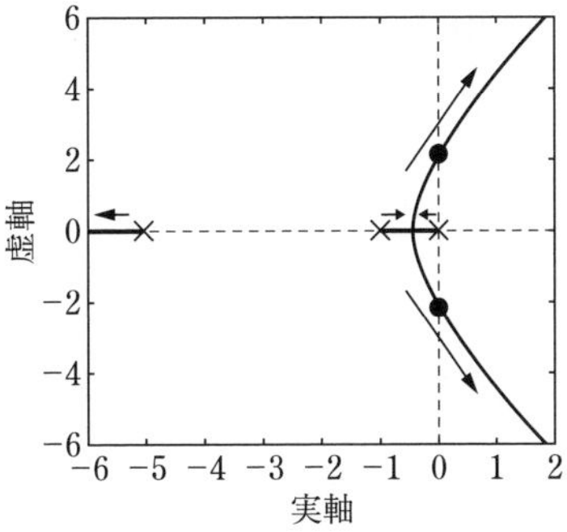

図 5

問 I 解答

図 A.1 に示すように，質量の変位を $x(t)$ とする。質量 M には，右向きに外力 $f(t)$ が，左向きにバネの伸びた長さに比例する力が働くので，つぎの式が成り立つ。

$$M\frac{d^2x(t)}{dt}=f(t)-K\{x(t)-y(t)\} \tag{A1.1}$$

また，ダシュポットは，つぎのように変位の時間微分に比例した制動力とバネからの力が釣り合う。

$$D\frac{dy(t)}{dt}=K\{x(t)-y(t)\} \tag{A1.2}$$

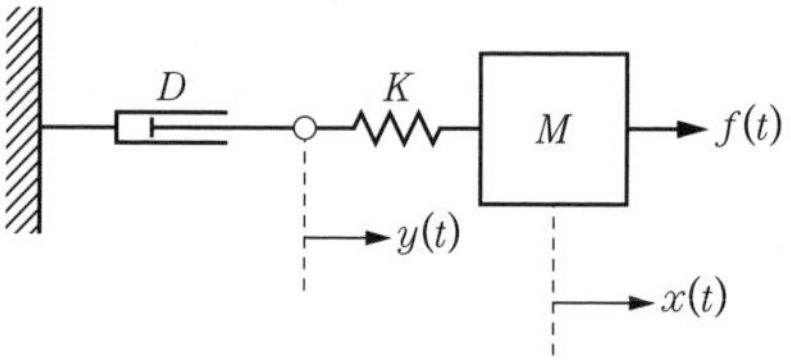

図 A.1

すべての初期値をゼロとして，式(A1.1) と式(A1.2) をラプラス変換するとつぎのようになる。

$$Ms^2X(s)=F(s)-K\{X(s)-Y(s)\} \tag{A1.3}$$

$$DsY(s)=K\{X(s)-Y(s)\} \tag{A1.4}$$

式(A1.3) と式(A1.4) から $X(s)$ を消去して $F(s)$ と $Y(s)$ の関係式を導こう。式(A1.4) を $X(s)$ について解くと次式となる。

$$X(s)=\frac{Ds+K}{K}Y(s) \tag{A1.5}$$

つぎのように式(A1.5) を式(A1.3) に代入する。

$$\frac{(Ms^2+K)(Ds+K)}{K}Y(s)=KY(s)+F(s)$$

$$(MDs^3+MKs^2+KDs+K^2)Y(s)=K^2Y(s)+KF(s)$$

$$(MDs^3+MKs^2+KDs)Y(s)=KF(s)$$

$$\therefore \quad \frac{Y(s)}{F(s)} = \frac{K}{MDs^3 + MKs^2 + KDs} \tag{A1.6}$$

問Ⅱ 解答

(1)

システムの伝達関数は

$$P(s) = \frac{\gamma}{s^2 + \alpha s + \beta} \tag{A2.1}$$

である。ただし，α, β, γ は正の実数である。式(A2.1) の周波数伝達関数は

$$P(j\omega) = \frac{\gamma}{(j\omega)^2 + \alpha(j\omega) + \beta} = \frac{\gamma}{(\beta - \omega^2) + j\alpha\omega} \tag{A2.2}$$

となる。式(A2.2) のゲインと位相は

$$|P(j\omega)| = \frac{\gamma}{\sqrt{(\beta - \omega^2)^2 + (\alpha\omega)^2}} \tag{A2.3}$$

$$\angle P(j\omega) = \angle\gamma - \angle\{(\beta - \omega^2) + j\alpha\omega\} \tag{A2.4}$$

で求められる。

① $\omega = 0$〔rad/s〕のとき，題意からゲインは 0 dB，位相は 0 deg である。式(A2.3) と式(A2.4) は

$$|P(j\omega)| = \frac{\gamma}{\sqrt{\beta^2 + 0}} = \frac{\gamma}{\beta} = 1 \tag{A2.5}$$

$$\tan^{-1}\frac{0}{\beta} = 0 \tag{A2.6}$$

となる。式(A2.5) から

$$\gamma = \beta \tag{A2.7}$$

が導かれる。

② $\omega = 4$〔rad/s〕のとき，題意からゲインは 0 dB，位相は -90 deg である。式(A2.3) と式(A2.4) は

$$|P(j\omega)| = \frac{\gamma}{\sqrt{(\beta - 16)^2 + 16\alpha^2}} = 1 \tag{A2.8}$$

$$\angle P(j\omega) = 0 - \angle\{(\beta - 16) + j4\alpha\} = -90\ \text{〔deg〕} \tag{A2.9}$$

となる。式(A2.9) から，$(\beta - 16) + j16\alpha$ は純虚数となることがわかる。こ

れにより，実部をゼロとおいて

$$\beta = 16 \tag{A2.10}$$

を得る。これと式(A2.7) から

$$\gamma = 16 \tag{A2.11}$$

がわかる。

つぎに，式(A2.8) に着目しよう。式(A2.8) に式(A2.10) と式(A2.11) を代入すれば次式となる。

$$\frac{16}{\sqrt{16\alpha^2}} = 1 \tag{A2.12}$$

式(A2.12) から，ただちに

$$\alpha = 4 \tag{A2.13}$$

がわかる。

③ $\omega = \infty$〔rad/s〕のとき，題意のとおりゲインは $-\infty$〔dB〕，位相は -180 deg となることを確認しておく。

これには，式(A2.2) を使うのがわかりやすい。$\omega = \infty$ のときは $\omega^2 \gg \omega \gg 1$ であるから，式(A2.2) は

$$P(j\omega) = \frac{\gamma}{(j\omega)^2} \tag{A2.14}$$

とみなすことができる。式(A2.14) で $\omega \to \infty$ にすると，$|P(j\omega)| \to 0$ すなわち，dB で表すと，$-\infty$〔dB〕となる。また，式(A2.14) は

$$P(j\omega) = \frac{\gamma}{(j\omega)^2} = -\frac{\gamma}{\omega^2} \tag{A2.15}$$

と書くことができるから，位相は -180 deg となる。

したがって，①～③ より

$$\underline{\underline{\alpha = 4, \quad \beta = 16, \quad \gamma = 16}} \tag{A2.16}$$

と求められ

$$P(s) = \frac{4^2}{s^2 + 4s + 4^2} \tag{A2.17}$$

となる。

二次遅れ要素の標準形は

$$P_o(s)=\frac{K\omega_n{}^2}{s^2+2\zeta\omega_n s+\omega_n{}^2} \tag{A2.18}$$

であるから，式(A2.17)と式(A2.18)を係数比較することで

$$\underline{K=1,\quad \zeta=0.5,\quad \omega_n=4} \tag{A2.19}$$

を得る。

(2)

フィードバック制御系の単位ステップ応答が

$$y(t)=1-2e^{-t}+e^{-2t} \tag{A2.20}$$

である。式(A2.20)をラプラス変換する。

$$Y(s)=\frac{1}{s}-\frac{2}{s+1}+\frac{1}{s+2}=\frac{2}{s(s+1)(s+2)} \tag{A2.21}$$

フィードバック制御系の伝達関数を $W(s)$ とすれば

$$Y(s)=W(s)\cdot\frac{1}{s} \tag{A2.22}$$

の関係から

$$W(s)=\frac{2}{(s+1)(s+2)}=\frac{2}{s^2+3s+2} \tag{A2.23}$$

であることがわかる。

つぎに，図2に示されたフィードバック制御系の伝達関数 $W(s)$ を求めると

$$W(s)=\frac{\dfrac{k_0\gamma}{s^2+\alpha s+\beta}}{1+\dfrac{k_0k_1\gamma s+k_0k_2\gamma}{s^2+\alpha s+\beta}}$$

$$=\frac{k_0\gamma}{s^2+(\alpha+k_0k_1\gamma)s+(\beta+k_0k_2\gamma)} \tag{A2.24}$$

となるから，式(A2.23)と式(A2.24)の係数を比較することで，つぎの式を得る。

$$k_0\gamma=2 \tag{A2.25}$$

$$\alpha+k_0k_1\gamma=3 \tag{A2.26}$$

$$\beta+k_0k_2\gamma=2 \tag{A2.27}$$

式(A2.25) から

$$k_0=\frac{2}{\gamma} \tag{A2.28}$$

となる。式(A2.28) を式(A2.26) に代入して

$$k_1=\frac{3-\alpha}{2} \tag{A2.29}$$

を得る。また，式(A2.28) を式(A2.27) に代入して

$$k_2=\frac{2-\beta}{2} \tag{A2.30}$$

を得る。

問III　解答

単位インパルス応答をラプラス変換したものが伝達関数である。

$$g(t)=2e^{-2t} \tag{A3.1}$$

をラプラス変換して

$$G(s)=\mathcal{L}[2e^{-2t}]=\frac{2}{s+2} \tag{A3.2}$$

となる。

単位ステップ応答は

$$Y(s)=G(s)U(s)=\frac{2}{s+2}\cdot\frac{1}{s}=\frac{2}{s(s+2)} \tag{A3.3}$$

である。式(A3.3) を部分分数

$$\frac{2}{s(s+2)}=\frac{A}{s}+\frac{B}{s+2} \tag{A3.4}$$

に分解するためにヘビサイドの展開定理を用いると，式(A3.4) の係数はつぎのように計算することができる。

$$A=\left.\frac{2}{s+2}\right|_{s=0}=1 \tag{A3.5}$$

$$B=\left.\frac{2}{s}\right|_{s=-2}=-1 \tag{A3.6}$$

したがって，$y(t)$ は

$$y(t) = \mathcal{L}^{-1}\left[\frac{1}{s} - \frac{1}{s+2}\right] = \underline{\underline{1 - e^{-2t}}} \tag{A3.7}$$

と求められる。

問Ⅳ　解答

(1)

図 A.2 の $F(s)$ のすぐ前の加え合わせ点では，$G(s)$ がプラス・マイナスでキャンセルされており，結果，外乱 $d(t)$ のみが $F(s)$ に入力されている。これは，外乱 $d(t)$ を直接観測できないので，制御量 $y(t)$ の観測値から外乱 $d(t)$ を算出する方式を取っているからである。

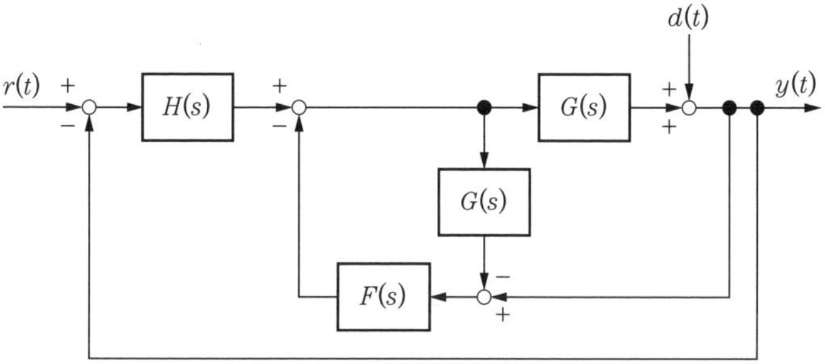

図 A.2

したがって，**図 A.3** のように等価変換できる。

加え合わせ点を移動することで**図 A.4** となる。

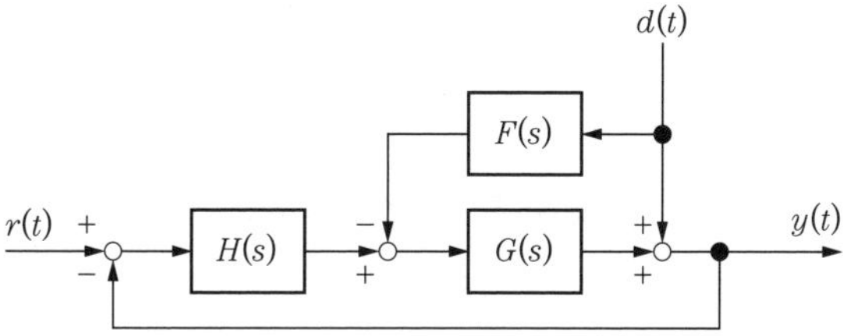

図 A.3

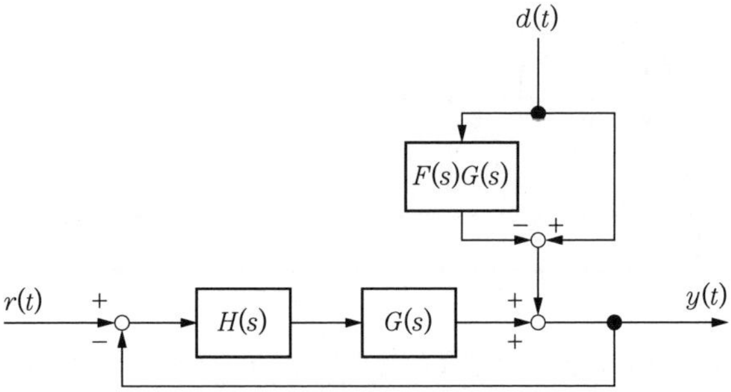

図 A.4

最後に並列結合を等価変換することで**図 A.5** となる。

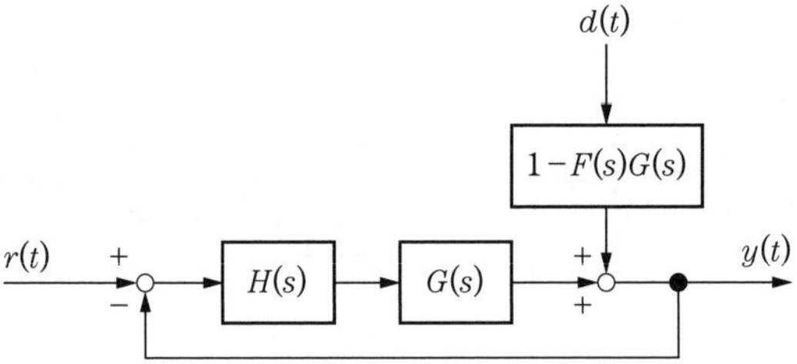

図 A.5

したがって

$$L(s)=1-F(s)G(s)$$

である。

(2)

一巡伝達関数は

$$G(s)H(s)=\frac{K}{0.2s^3+1.2s^2+s} \tag{A4.1}$$

であるから，フィードバック制御系の特性方程式は

$$1+G(s)H(s)=0$$

$$\therefore \quad 0.2s^3+1.2s^2+s+K=0 \tag{A4.2}$$

となる。式(A4.2) にラウス・フルビッツの安定判別法を適用すると，ラウス表はつぎのようになる。

s^3 行	0.2	1	0
s^2 行	1.2	K	
s^1 行	$\dfrac{1.2-0.2K}{1.2}$	0	
s^0 行	K		

ラウス表の第1列のすべての要素が正となることが，システムが安定となる必要十分条件である。よって

$$0<K<6 \tag{A4.3}$$

を得る。

$K=6$ のとき閉ループ伝達関数の極は虚軸上に存在し，システムは安定限界となる。すなわち，虚軸と交差するときの K の値は 6 である。

さらに詳しく

根軌跡を描こう。一巡伝達関数は

$$G(s)H(s)=\frac{K}{0.2s^3+1.2s^2+s} \tag{A4.1 再掲}$$

である。分母を因数分解して

$$G(s)H(s)=\frac{K}{s(s+1)(0.2s+1)} \tag{A4.4}$$

となる。まず，次数差，極，零点をまとめる。

次数差：$n-m=3-0=3$

極　　：$p_1=0,\quad p_2=-1,\quad p_3=-5$

零点　：なし

3個の特性根は，$K=0$ で3個の極をそれぞれ出発し，$K=\infty$ で3個すべて無限遠に発散する。

実軸上には極が3個存在している。「実軸上の軌跡は，その区間の右実軸上に奇数個の極，零点を数える部分である」から，p_1，p_2 で区切られる区間と，p_3 の左側の開区間は，根軌跡の一部である。

つぎのように漸近線の角度 θ と重心 σ_c を求める。

$$\theta=\frac{N\pi}{3},\quad N=\pm1,\ \pm3,\ \cdots \tag{A4.5}$$

$$\sigma_c=\frac{1}{3}\{0+(-1)+(-5)\}=-2 \tag{A4.6}$$

ここまでの情報をまとめると**図 A.6** となる。

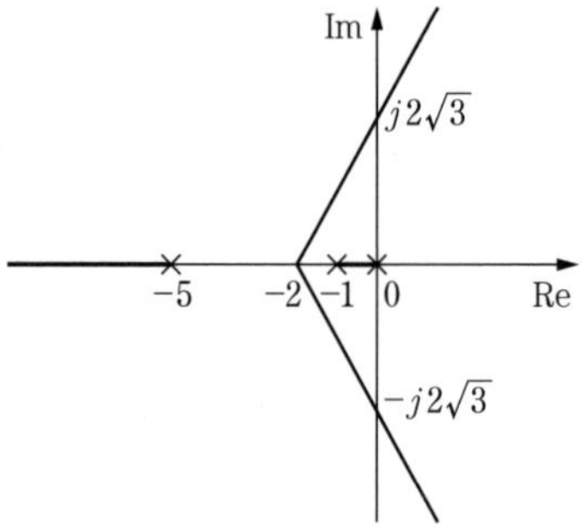

図 A.6

図 A.6 からつぎのことがいえる。$K=0$ で -5 を出発した特性根は，実軸を離れることなく実軸負の方向に移動して，$K=\infty$ で無限遠に発散する。$K=0$ で 0 と -1 を出発した 2 個の特性根は，実軸上を移動して 0 と -1 の間で重根となり分岐する。その後，共役複素数となって虚軸を横切り，角度 $\pm\dfrac{\pi}{3}$ の漸近線に漸近しながら $K=\infty$ で無限遠に発散する。

まず，分岐点を求めよう。分岐点では次式を満たす。

$$\frac{1}{s-p_1}+\frac{1}{s-p_2}+\frac{1}{s-p_3}=\frac{1}{s}+\frac{1}{s+1}+\frac{1}{s+5}=0 \tag{A4.7}$$

式(A4.7) は

$$3s^3+12s^2+5=0 \tag{A4.8}$$

となるから，これを解いて

$$s=-0.472,\ -3.53 \tag{A4.9}$$

を得る。分岐点は 0 と -1 の間に存在するので，$s=-0.472$ を採用する。

また，$s=-0.472$ とする K の値は，特性方程式

$$0.2s^3+1.2s^2+s+K=0 \qquad \text{(A4.2 再掲)}$$

を用いて

$$K = -0.2s^3 - 1.2s^2 - s\big|_{s=-0.472} = 0.226 \qquad \text{(A4.10)}$$

と求められる。

最後に，極軸との交点を求めよう。ラウス表の 2 行目からつくられる補助方程式

$$1.2s^2 + 6 = 0 \qquad \text{(A4.11)}$$

を解いて，$s = \pm j\sqrt{5}$ と求められる。

以上から，根軌跡は**図 A.7** のようになる。

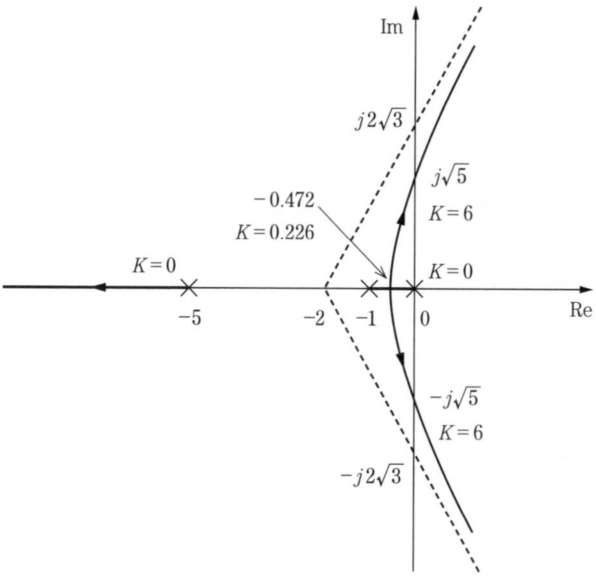

図 A.7

名古屋工業大学大学院 工学研究科 博士前期課程

工学専攻 電気・機械工学系プログラム

令和 2 年度入試 （令和元年 8 月実施問題　抜粋）

試験問題 問題 18 （制御工学）

I　次の（1），（2）の問いについて答えよ。

（1）（A）～（D）に示す電気回路および直線運動系において，入力から出力までの伝達関数をそれぞれ求めよ。図中，R_1，R_2 は抵抗値，C は静電容量，$v_i(t)$ は入力電圧，$v_o(t)$ は出力電圧，K はバネ定数，D_1，D_2 は粘性減衰係数（粘性抵抗係数），$x_i(t)$ は入力変位，$x_o(t)$ は出力変位である。

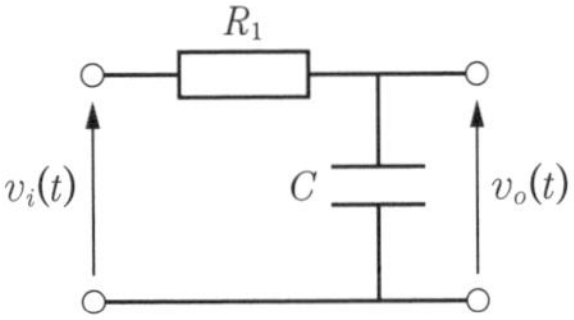

（A）

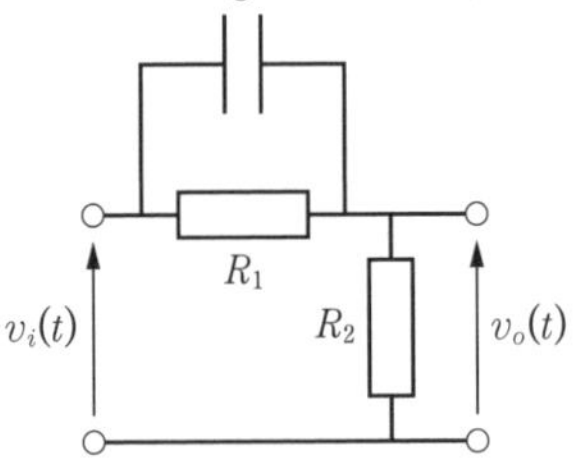

（B）

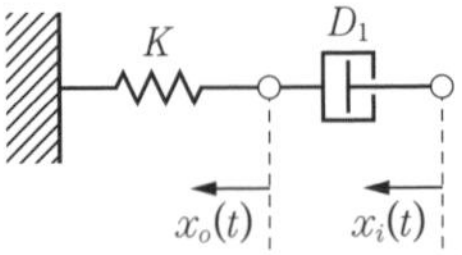

（C）

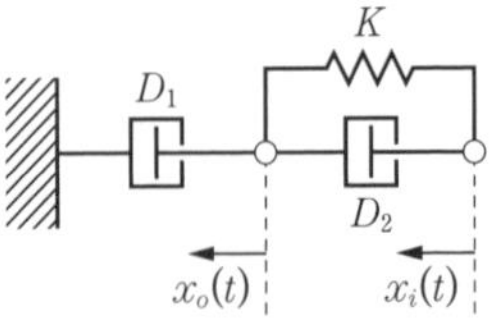

（D）

（2）（A）～（D）の伝達関数に該当するゲイン線図（折れ線近似）を**図1**中（Ⅰ）～（Ⅵ）から選択せよ。なお，縦軸はゲインで目盛りの間隔は20 dB，横軸は角周波数で目盛りの間隔は1デカード（decade）である。該当するものがない場合は該当なしと記入すること。

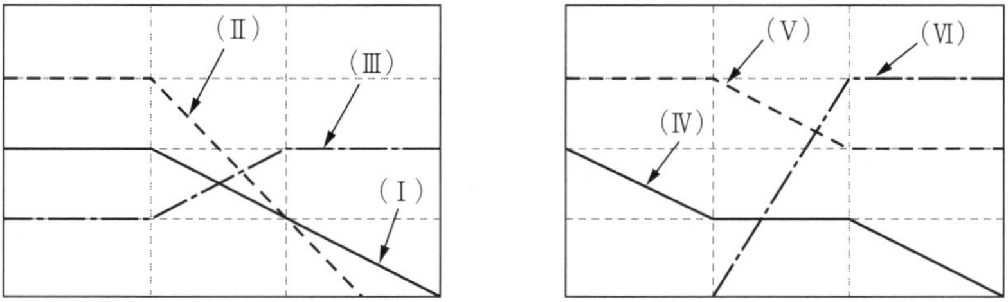

図1

Ⅱ　**図2**のフィードバック制御系において，次の（1）～（4）の問いについて答えよ。

（1）$G(s)=1$，$K=1$とする。$r(t)=0$，$d(t)=\sin t$ $(t \geq 0)$が加わった時の$y(t)$の定常応答を求めよ。

（2）$G(s)=1$，$K=1$とする。$r(t)=t$（$t \geq 0$），$d(t)=0$が加わった時の定常偏差$e(t)$を求めよ。

（3）$G(s)=\dfrac{1}{s+1}$，$K=1$とする。一巡伝達関数の位相交差角周波数［rad/s］を求めよ。

（4）$G(s)=\dfrac{1}{s+1}$とする。安定限界となるKの値を求めよ。

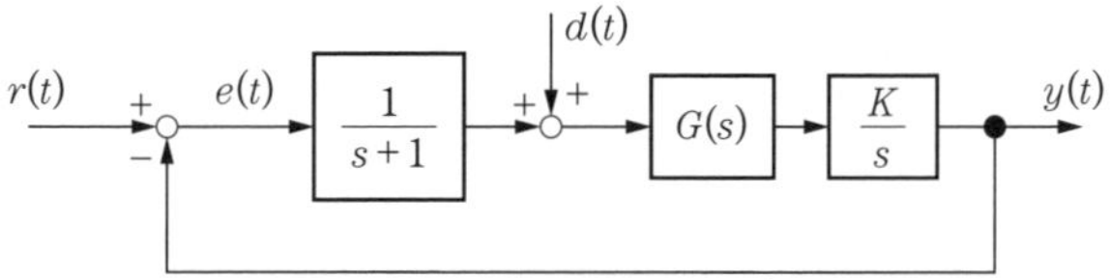

図2

問 I　解答

(1)

（A）　**図 A.1** に示す電流 $i(t)$ を導入する。

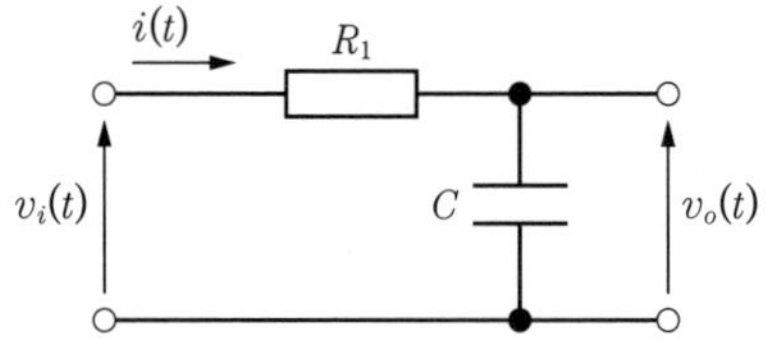

図 A.1

つぎの式が成り立つ。

$$R_1 i(t) + v_o(t) = v_i(t) \tag{A1.1}$$

$$v_o(t) = \frac{1}{C}\int_0^t i(\tau)d\tau \tag{A1.2}$$

式(A1.1) と式(A1.2) をラプラス変換する。

$$R_1 I(s) + V_o(s) = V_i(s) \tag{A1.3}$$

$$V_o(s) = \frac{1}{Cs} I(s) \tag{A1.4}$$

式(A1.4) の $I(s)$ を式(A1.3) に代入するとつぎのようになる。

$$R_1 Cs V_o(s) + V_o(s) = V_i(s)$$

$$(R_1 Cs + 1) V_o(s) = V_i(s)$$

$$\therefore \quad \frac{V_o(s)}{V_i(s)} = \frac{1}{R_1 Cs + 1} \tag{A1.5}$$

（B）　**図 A.2** に示す電流 $i(t)$，$i_1(t)$ を導入する。

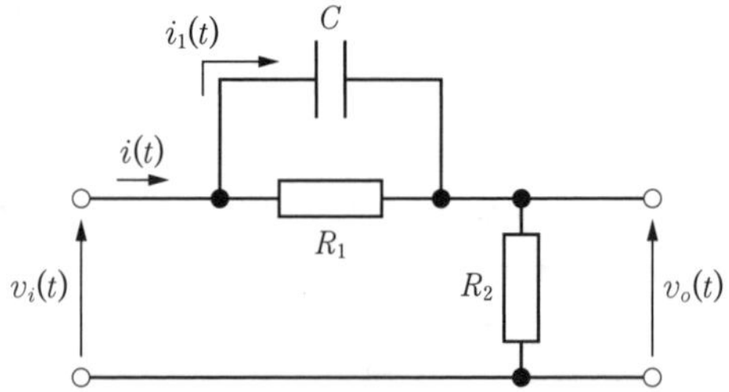

図 A.2

抵抗 R_1 に流れる電流は $i(t)-i_1(t)$ であるから

$$v_i(t)=R_1\{i(t)-i_1(t)\}+v_o(t) \tag{A1.6}$$

が成立する。また

$$v_i(t)=\frac{1}{C}\int_0^t i_1(\tau)d\tau+v_o(t) \tag{A1.7}$$

と見ることもできる。出力電圧 $v_o(t)$ は

$$v_o(t)=R_2 i(t) \tag{A1.8}$$

である。

式(A1.6)～式(A1.8) をラプラス変換するとつぎのようになる。

$$V_i(s)=R_1\{I(s)-I_1(s)\}+V_o(s) \tag{A1.9}$$

$$V_i(s)=\frac{1}{Cs}I_1(s)+V_o(s) \tag{A1.10}$$

$$V_o(s)=R_2 I(s) \tag{A1.11}$$

式(A1.9)～式(A1.11) から，$I(s)$，$I_1(s)$ を消去して $V_i(s)$ と $V_o(s)$ の関係式を以下において導こう。

式(A1.10) を $I_1(s)$ について，また，式(A1.11) を $I(s)$ について解いて

$$I_1(s)=Cs\{V_i(s)-V_o(s)\} \tag{A1.12}$$

$$I(s)=\frac{1}{R_2}V_o(s) \tag{A1.13}$$

とし，式(A1.12) と式(A1.13) を式(A1.9) に代入するとつぎのようになる。

$$V_i(s)=\frac{R_1}{R_2}V_o(s)-R_1Cs\{V_i(s)-V_o(s)\}+V_o(s)$$

$$R_2V_i(s)=R_1V_o(s)-R_1R_2CsV_i(s)+R_1R_2CsV_o(s)+R_2V_o(s)$$

$$\{R_2+R_1R_2Cs\}V_i(s)=\{R_1+R_2+R_1R_2Cs\}V_o(s)$$

$$\therefore\quad \frac{V_o(s)}{V_i(s)}=\frac{R_2+R_1R_2Cs}{R_1+R_2+R_1R_2Cs} \tag{A1.14}$$

（C） **図 A.3** のダシュポットは，$x_i(t)$ と $x_o(t)$ の相対距離の時間変化に比例して制動力を発生する。

したがって，力の釣合い式は次式となる。

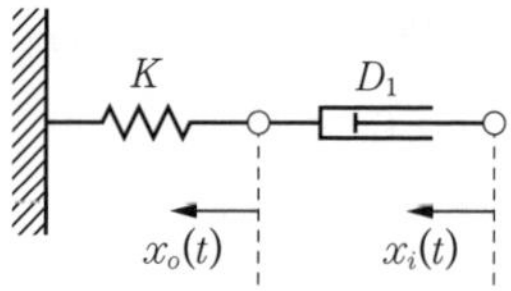

図 A.3

$$D\frac{d\{x_i(t)-x_o(t)\}}{dt}=Kx_o(t) \tag{A1.15}$$

すべての初期値をゼロとして式(A1.15) をラプラス変換するとつぎのようになる。

$$D\{sX_i(s)-sX_o(s)\}=KX_o(s)$$

$$DsX_i(s)=KX_o(s)+DsX_o(s)$$

$$\therefore\quad \frac{X_o(s)}{X_i(s)}=\frac{Ds}{Ds+K} \tag{A1.16}$$

（D） **図 A.4** において，バネ K，ダシュポット D_2，ダシュポット D_1 はそれぞれつぎの力を発生する。

バネ K : $K\{x_i(t)-x_o(t)\}$

ダシュポット D_2 : $D_2\dfrac{d\{x_i(t)-x_o(t)\}}{dt}$

ダシュポット D_1 : $D_1\dfrac{dx_o(t)}{dt}$

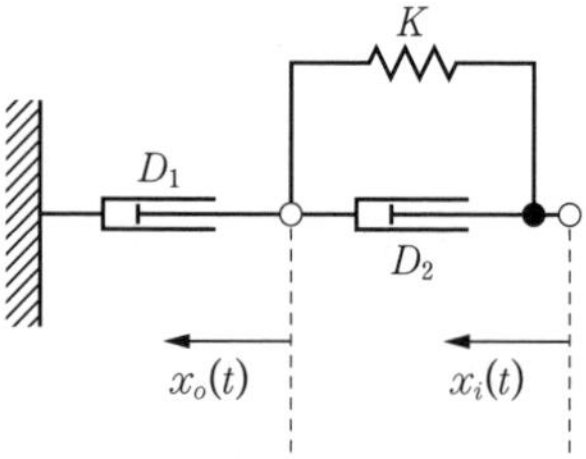

図 A.4

図 A.4 における力の釣合いから次式が成り立つ。

$$K\{x_i(t)-x_o(t)\}+D_2\frac{d\{x_i(t)-x_o(t)\}}{dt}=D_1\frac{dx_o(t)}{dt} \tag{A1.17}$$

式(A1.17) のすべての初期値をゼロとしてラプラス変換するとつぎのようになる。

$$K\{X_i(s)-X_o(s)\}+D_2s\{X_i(s)-X_o(s)\}=D_1sX_o(s)$$

$$KX_i(s)+D_2sX_i(s)=D_1sX_o(s)+D_2sX_o(s)+KX_o(s)$$

$$\therefore\quad \frac{X_o(s)}{X_i(s)}=\frac{D_2s+K}{(D_1+D_2)s+K} \qquad \text{(A1.18)}$$

（2）

まずは，（１）で得た伝達関数の形を整えることから始める。

（Ａ）伝達関数は

$$G_A(s)=\frac{V_o(s)}{V_i(s)}=\frac{1}{R_1Cs+1} \qquad \text{(A1.5 再掲)}$$

と得た。$T=R_1C$ とおけば式(A1.5) は

$$G_A(s)=\frac{1}{1+Ts} \qquad \text{(A1.19)}$$

となり，一次遅れ要素である。

（Ｂ）伝達関数は

$$G_B(s)=\frac{V_o(s)}{V_i(s)}=\frac{R_2+R_1R_2Cs}{R_1+R_2+R_1R_2Cs} \qquad \text{(A1.14 再掲)}$$

である。式(A1.14) を書き直すとつぎのようになる。

$$G_B(s)=\frac{R_2+R_1R_2Cs}{R_1+R_2+R_1R_2Cs}=\frac{R_2}{R_1+R_2}\cdot\frac{1+R_1Cs}{1+\dfrac{R_1R_2}{R_1+R_2}Cs}$$

$$=k\cdot\frac{1+T_2s}{1+T_1s} \qquad \text{(A1.20)}$$

ただし

$$k=\frac{R_2}{R_1+R_2},\quad T_1=\frac{R_1R_2}{R_1+R_2}C,\quad T_2=R_1C \qquad \text{(A1.21)}$$

である。ボード線図を描くために，つぎのように式(A1.21) の T_1 と T_2 の大小比較をしておく必要がある。

$$\frac{T_1-T_2}{C}=\frac{R_1R_2}{R_1+R_2}-R_1=\frac{R_1R_2-R_1(R_1+R_2)}{R_1+R_2}$$

$$=\frac{-R_1{}^2}{R_1+R_2}<0 \qquad \text{(A1.22)}$$

したがって

$$T_1 < T_2 \tag{A1.23}$$

なので，式(A1.20) は，位相進み要素である。

（C） 伝達関数は

$$G_C(s) = \frac{X_o(s)}{X_i(s)} = \frac{Ds}{Ds+K} \qquad \text{(A1.16 再掲)}$$

であり

$$G_C(s) = \frac{Ds}{Ds+K} = \frac{Ts}{1+Ts} \tag{A1.24}$$

となる。ただし，$T=D/K$ と書き直すことができる。式(A1.24) は，一次遅れの微分要素といわれる。

（D） 伝達関数は

$$G_D(s) = \frac{X_o(s)}{X_i(s)} = \frac{D_2 s+K}{(D_1+D_2)s+K} \qquad \text{(A1.18 再掲)}$$

である。式(A1.18) を書き直すとつぎのようになる。

$$G_D(s) = \frac{D_2 s+K}{(D_1+D_2)s+K} = \frac{1+\dfrac{D_2}{K}s}{1+\dfrac{D_1+D_2}{K}s} = \frac{1+T_2 s}{1+T_1 s} \tag{A1.25}$$

ただし

$$T_1 = \frac{D_1+D_2}{K}, \quad T_2 = \frac{D_2}{K} \tag{A1.26}$$

であり，$T_1 > T_2$ なので，式(A1.25) は，位相遅れ要素である。

準備ができたので，ボード線図を考えることにしよう。ゲイン特性曲線の折れ線近似はそれぞれつぎのようになる（**図 A.5**～**図 A.8**）。

（A） 一次遅れ要素

$$G_A(s) = \frac{1}{1+Ts} \qquad \text{(A1.19 再掲)}$$

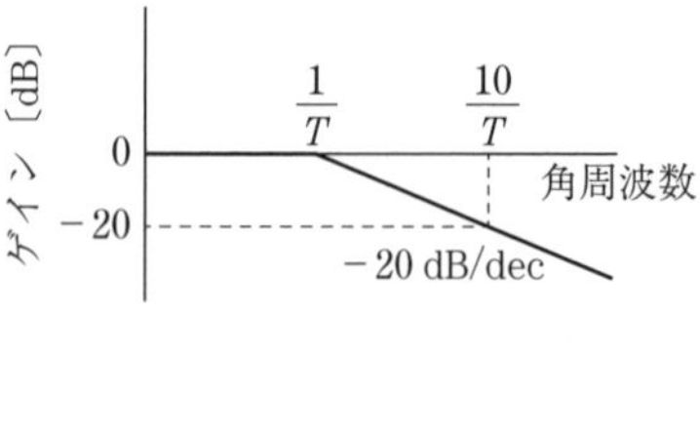

図 A.5

（B）　位相進み要素

$$G_B(s)=k\cdot\frac{1+T_2s}{1+T_1s},\quad T_1<T_2 \qquad \text{(A1.20 再掲)}$$

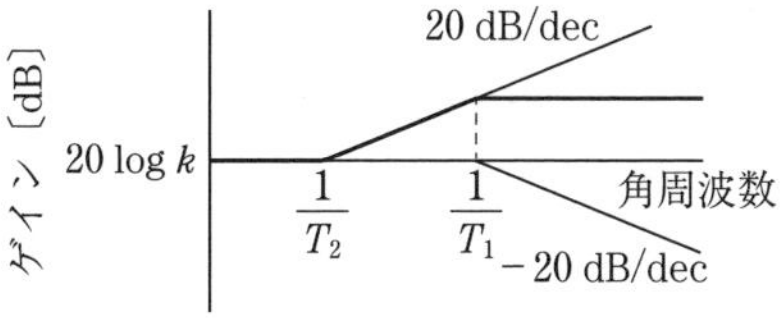

図 A.6

（C）　一次遅れの微分要素

$$G_C(s)=\frac{Ds}{Ds+K}=\frac{Ts}{1+Ts} \qquad \text{(A1.24 再掲)}$$

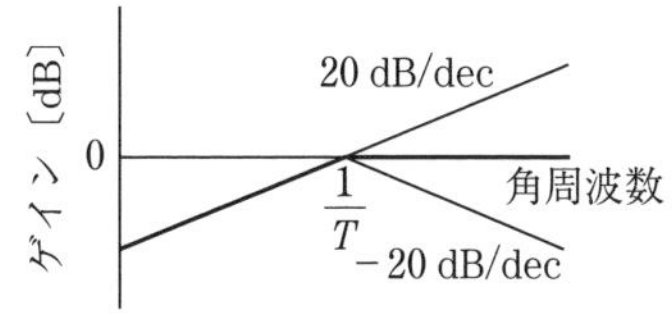

図 A.7

（D）　位相遅れ要素

$$G_D(s)=\frac{1+T_2s}{1+T_1s},\quad T_1>T_2 \qquad \text{(A1.25 再掲)}$$

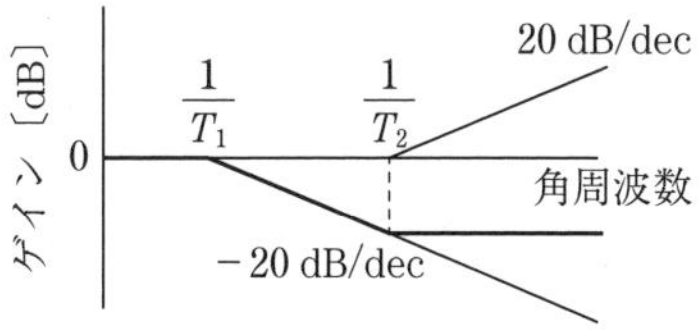

図 A.8

したがってつぎのようになる。

（A）—（Ⅰ），（B）—（Ⅲ），（C）—該当なし，（D）—（Ⅴ）

問Ⅱ　解答

（1）

図 A.9 のブロック線図の外乱 $d(t)$ を左端に移動させると**図 A.10** となる。

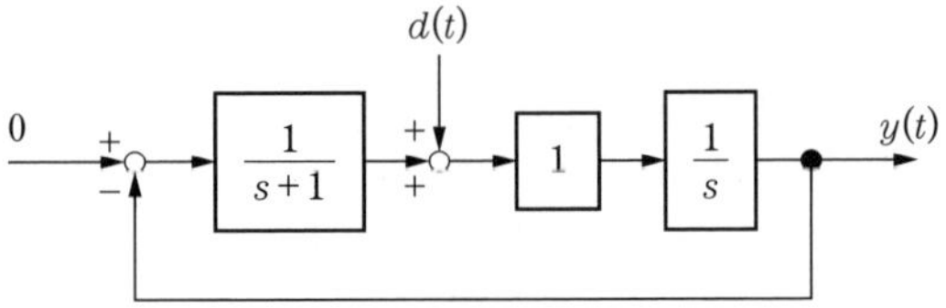

図 A.9

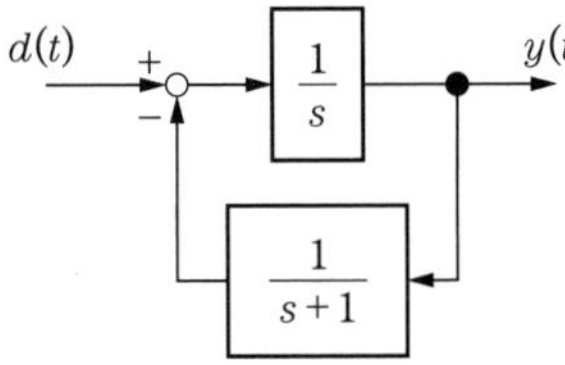

図 A.10

フィードバック結合の等価変換を行って**図 A.11** となる。

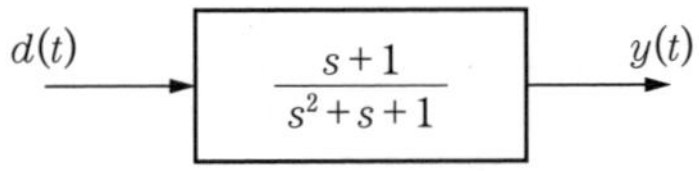

図 A.11

外乱 $d(t)$ に入力信号 $\sin\omega t$ を加えると定常出力 $y_s(t)$ は

$$y_s(t)=|G(j\omega)|\sin(\omega t+\theta),\quad \theta=\angle G(j\omega) \tag{A2.1}$$

となる。ここで，$G(j\omega)$ は周波数伝達関数であり

$$G(j\omega)=\frac{(j\omega)+1}{(j\omega)^2+(j\omega)+1}=\frac{1+j\omega}{(1-\omega^2)+j\omega} \tag{A2.2}$$

で与えられる。

いま，入力信号の角周波数は $\omega=1$ であるから，式(A2.2) から

$$|G(j\omega)|=\frac{|1+j|}{|0+j|}=\frac{\sqrt{1+1}}{1}=\sqrt{2} \tag{A2.3}$$

$$\angle G(j\omega)=\angle(1+j)-\angle j=\frac{\pi}{4}-\frac{\pi}{2}=-\frac{\pi}{4}\ \text{〔rad〕} \tag{A2.4}$$

と求められる。したがって，出力 $y(t)$ の定常応答 $y_s(t)$ は

$$\underline{\underline{y_s(t)=\sqrt{2}\,\sin\left(t-\frac{\pi}{4}\right)}} \tag{A2.5}$$

となる。

（**2**）

図 A.12 のブロック線図を等価変換して**図 A.13** となる。

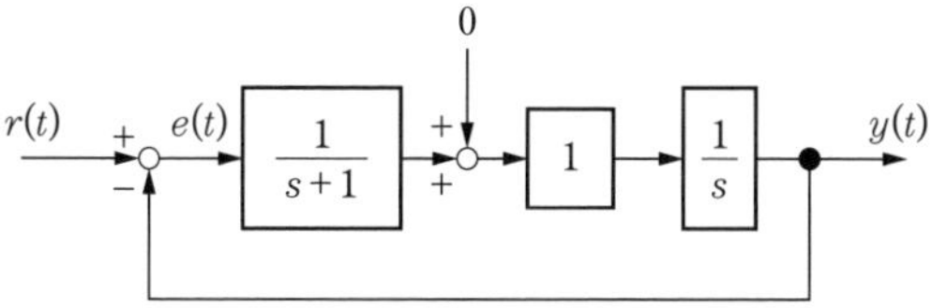

図 A.12

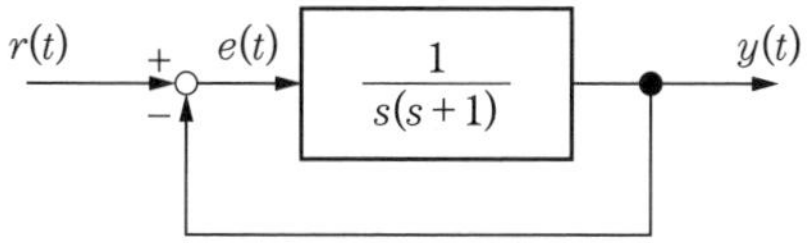

図 A.13

図 A.13 から，つぎの関係式を導くことができる。

$$e(t)=r(t)-\frac{1}{s(s+1)}e(t) \tag{A2.6}$$

式(A2.6) を整理することで，目標値 $r(t)$ から制御偏差 $e(t)$ までの伝達関数

$$\frac{e(t)}{r(t)}=\frac{s^2+s}{s^2+s+1} \tag{A2.7}$$

を得る。

目標値 $r(t)$ にランプ状の入力信号 $r(t)=t$ を加えたときの定常偏差 e_v は，ラプラス変換の最終値の定理を適用して計算することができる。

$$e_v=\lim_{s\to 0} sE(\mathrm{s})=\lim_{s\to 0} s\cdot\frac{s^2+s}{s^2+s+1}\cdot\frac{1}{s^2}$$

$$=\lim_{s\to 0}\frac{s+1}{s^2+s+1}=\underline{\underline{1}} \tag{A2.8}$$

（**3**）

題意から，一巡伝達関数 $L(s)$ は

$$L(s)=\frac{1}{s+1}\cdot\frac{1}{s+1}\cdot\frac{1}{s}=\frac{1}{s^3+2s^2+s} \tag{A2.9}$$

となるから，一巡周波数伝達関数 $L(j\omega)$ は

$$L(j\omega)=\frac{1}{(j\omega)^3+2(j\omega)^2+j\omega}=\frac{1}{-2\omega^2+j(\omega-\omega^3)} \qquad \text{(A2.10)}$$

と求められる。位相交差角周波数 ω_{cp} は，式(Λ2.10) の位相が $-\pi$〔rad〕となるときの角周波数であるから，虚部をゼロとおいてつぎのように求めることができる。

$$\omega-\omega^3=0 \qquad \text{(A2.11)}$$

式(A2.11) を $\omega>0$ の条件で解いて

$$\omega_{cp}=1\,〔\mathrm{rad/s}〕 \qquad \text{(A2.12)}$$

を得る。

(4)

（3）において，$K=1$ としたときの一巡周波数伝達関数を式(A2.10) で求めている。パラメータ K を変数で残した場合は

$$L(j\omega)\frac{K}{-2\omega^2+j(\omega-\omega^3)} \qquad \text{(A2.13)}$$

である。位相交差角周波数 ω_{cp} は同じく

$$\omega_{cp}=1\,〔\mathrm{rad/s}〕 \qquad \text{(A2.12 再掲)}$$

となり，このとき

$$L(j\omega_{cp})\frac{K}{-2\times1^2+0}=-\frac{K}{2} \qquad \text{(A2.14)}$$

である。すなわち，ベクトル軌跡が実軸と交差するのは，点 $-\dfrac{K}{2}+j0$ である。

この交点が，-1 と 0 の間にあればシステムは安定であるから，次式を得る。

$$-1<-\frac{K}{2}<0 \qquad \text{(A2.15)}$$

式(A2.15) の分母を払って

$$0<K<2 \qquad \text{(A2.16)}$$

が，システムが安定であるための必要十分条件である。

式(A2.16) から，安定限界となるのは，$K=2$ のときである。

名古屋工業大学大学院 工学研究科 博士前期課程

電気・機械工学専攻

平成 31 年度入試 （平成 30 年 8 月実施問題　抜粋）

試験問題 問題 17 （制御工学）

I　つぎの伝達関数 $G(s)$ で表されるシステムについて考える。

$$G(s)=\frac{4}{s^2+5s+4}$$

このシステムにつぎの入力 $u(t)$

$$u(t)=\begin{cases}0 & (t<0)\\ 1 & (0\leq t<1)\\ 0 & (t\geq 1)\end{cases}$$

を加えた時の出力応答 $y(t)(t\geq 1)$ は以下であった。

$$y(t)=\alpha+\beta\times e^{-t}+\gamma\times e^{-4t}\quad (t\geq 1)$$

ただし，α，β，γ は定数である。出力応答 $y(t)(t\geq 1)$ の中の (α, β, γ) の値を求めよ。

II　**図 1** に示す RC 回路において，電圧 $v_i(t)$ を入力信号，電圧 $v_o(t)$ を出力信号とする。ただし R は抵抗値，C は静電容量を表わし，$R=1[\Omega]$，$C=1[\mathrm{F}]$ とする。

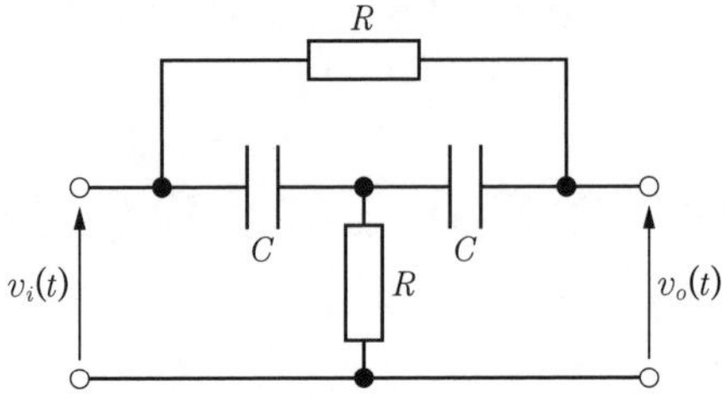

図 1　RC 回路

このとき，回路の伝達関数は $G(s)=\dfrac{as^2+bs+c}{s^2+ds+e}$ であった。ただし，a, b, c, d, e は定数である。伝達関数 $G(s)$ の中の (a, b, c, d, e) の値を求めよ。

III　伝達関数 $G(s)=\dfrac{a(T_2s+1)}{T_1s+1}$ で表されるシステムの周波数応答について考える。ただし，a，T_1，T_2 は正の定数である。このシステムに，入力として角周波数 ω の正弦波信号を加えた。$\omega\to 0$ とすると，ゲインは $10\,[\mathrm{dB}]$ に漸近し，$\omega\to\infty$ とするとゲインは $-10\,[\mathrm{dB}]$ に漸近した。つぎの（1）から（3）の問いに答えよ。

（1）　a の値を求めよ。

（2）　T_2/T_1 の値を求めよ。

（3）　任意の角周波数 ω における入力に対する出力の位相差は $\tan^{-1}(\square)-\tan^{-1}(\omega T_1)$ と表すことができる。式中の $\square$ に入る数式を答えよ。

IV　**図 2** に示すシステムを考える。ただし，a は定数である。つぎの（1）〜（5）の問いに答えよ。

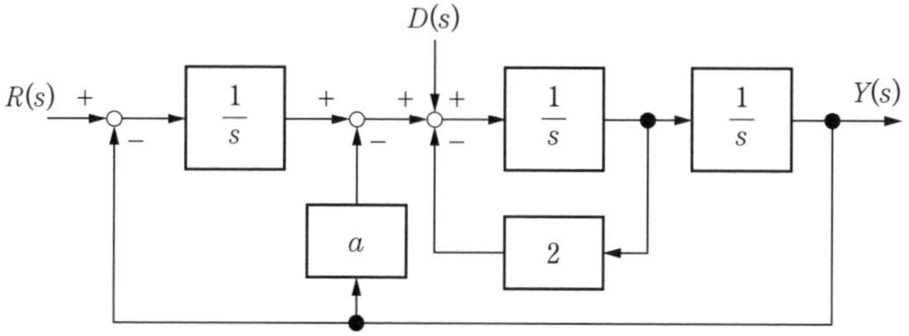

図 2　システム

（1）　$R(s)$ から $Y(s)$ への伝達関数を求めよ。

（2）　$D(s)$ から $Y(s)$ への伝達関数を求めよ。

（3）　このシステムが安定となる a の範囲を求めよ。

（4）　以下，$R(s)$ を目標値，$Y(s)$ を制御量とし，$a>1$ とする。$D(s)=0$ とし $R(s)$ として単位ランプ信号を入力した際の定常偏差を求めよ。

（5）　$R(s)=0$ とし $D(s)$ として単位ステップ信号を入力した際の定常偏差を求めよ。

問 I　解答

重ね合わせの原理を用いる。単位ステップ応答 $h(t)$ を求め，これから時間遅れの単位ステップ応答 $h(t-1)$ を引くことで $y(t)$ を求める。

単位ステップ応答 $H(s)$ は

$$H(s)=G(s)\cdot\frac{1}{s}=\frac{4}{s(s+1)(s+4)} \tag{A1.1}$$

で与えられる。式(A1.1) を部分分数に分解すると

$$H(s)=\frac{A}{s}+\frac{B}{s+1}+\frac{C}{s+4} \tag{A1.2}$$

となる。式(A1.2) 右辺の係数はヘビサイドの展開定理を用いて計算できる。

$$A=\left.\frac{4}{(s+1)(s+4)}\right|_{s=0}=\frac{4}{4}=1 \tag{A1.3}$$

$$B=\left.\frac{4}{s(s+4)}\right|_{s=-1}=\frac{4}{-1\times 3}=-\frac{4}{3} \tag{A1.4}$$

$$C = \left. \frac{4}{s(s+1)} \right|_{s=-4} = \frac{4}{-4 \times (-3)} = \frac{1}{3} \tag{A1.5}$$

これにより，式(A1.2) は

$$H(s) = \frac{1}{3} \left(\frac{3}{s} + \frac{-4}{s+1} + \frac{1}{s+4} \right) \tag{A1.6}$$

となるから，式(A1.6) を逆ラプラス変換して

$$h(t) = \frac{1}{3} (3 - 4e^{-t} + e^{-4t}) \tag{A1.7}$$

となる。式(A1.7) から $h(t-1)$ は

$$h(t-1) = \frac{1}{3} (3 - 4e^{-(t-1)} + e^{-4(t-1)}) \tag{A1.8}$$

と表されるから，出力 $y(t)$，$t \geq 1$ は次式となる。

$$\begin{aligned} y(t) &= h(t) - h(t-1) \\ &= \frac{1}{3} (3 - 4e^{-t} + e^{-4t}) - \frac{1}{3} (3 - 4e^{-(t-1)} + e^{-4(t-1)}) \\ &= \frac{1}{3} \{ -4(e^{-t} - e^{-(t-1)}) + e^{-4t} - e^{-4(t-1)} \} \\ &= \frac{1}{3} \{ -4(1 - e^{1}) e^{-t} + (1 - e^{4}) e^{-4t} \} \end{aligned} \tag{A1.9}$$

式(A1.9) において

$$1 - e^{1} = 1 - 2.718 = -1.718 \tag{A1.10}$$

$$1 - e^{4} = 1 - 54.60 = -53.60 \tag{A1.11}$$

であるから，式(A1.9) はつぎのようになる。

$$\begin{aligned} y(t) &= \frac{1}{3} \{ -4 \times (-1.718) e^{-t} + (-53.60) e^{-4t} \} \\ &= \frac{4 \times 1.718}{3} e^{-t} - \frac{53.60}{3} e^{-4t} \\ &= 2.291 e^{-t} - 17.87 e^{-4t} \end{aligned} \tag{A1.12}$$

したがって

$$\underline{\alpha = 0, \quad \beta = 2.291, \quad \gamma = -17.87} \tag{A1.13}$$

である。

問 II　解答

電流 $i_1(t)$, $i_2(t)$ を**図 A.1** に示すように定義する。まず，C_1R_1 の回路については，R_1 には電流 $i_1(t)+i_2(t)$ が流れることから

$$v_i(t)=\frac{1}{C_1}\int_0^t i_1(\tau)d\tau+R_1\{i_1(t)+i_2(t)\} \tag{A2.1}$$

が成り立つ。閉路 $R_2C_2C_1$ では

$$R_2i_2(t)+\frac{1}{C_2}\int_0^t i_2(\tau)d\tau-\frac{1}{C_1}\int_0^t i_1(\tau)d\tau=0 \tag{A2.2}$$

となり，電圧 $v_o(t)$ は次式で表される。

$$v_o(t)=v_i(t)-R_2i_2(t) \tag{A2.3}$$

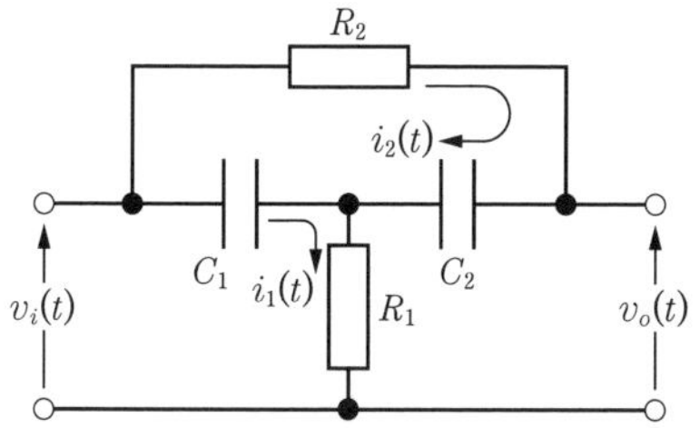

図 A.1

式(A2.1)～式(A2.3) をラプラス変換するとつぎのようになる

$$V_i(s)=\frac{1}{C_1s}I_1(s)+R_1I_1(s)+R_1I_2(s) \tag{A2.4}$$

$$R_2I_2(s)+\frac{1}{C_2s}I_2(s)-\frac{1}{C_1s}I_1(s)=0 \tag{A2.5}$$

$$V_o(s)=V_i(s)-R_2I_2(s) \tag{A2.6}$$

ここで，$R_1=R_2=1$，$C_1=C_2=1$ を代入することで

$$V_i(s)=\frac{1}{s}I_1(s)+I_1(s)+I_2(s) \tag{A2.7}$$

$$I_2(s)+\frac{1}{s}I_2(s)-\frac{1}{s}I_1(s)=0 \tag{A2.8}$$

$$V_o(s)=V_i(s)-I_2(s) \tag{A2.9}$$

となる。

以下において，式(A2.7)〜式(A2.9)から$I_1(s)$と$I_2(s)$を消去して，$V_i(s)$と$V_o(s)$の関係を導こう。式(A2.8)から

$$I_1(s) = (s+1)I_2(s) \tag{A2.10}$$

なので，式(A2.10)を式(A2.7)に代入する。

$$V_i(s) = \left(\frac{1}{s}+1\right)(s+1)I_2(s) + I_2(s) = \frac{s^2+3s+1}{s}I_2(s)$$

$$\therefore \quad I_2(s) = \frac{s}{s^2+3s+1}V_i(s) \tag{A2.11}$$

式(A2.11)を式(A2.9)に代入して

$$V_o(s) = V_i(s) - \frac{s}{s^2+3s+1}V_i(s) = \frac{s^2+2s+1}{s^2+3s+1}V_i(s)$$

$$\therefore \quad \frac{V_o(s)}{V_i(s)} = \frac{s^2+2s+1}{s^2+3s+1} \tag{A2.12}$$

となる。したがって

$$\underline{(a, b, c, d, e) = (1, 2, 1, 3, 1)} \tag{A2.13}$$

である。

問III　解答

問題に取り掛かる前に，周波数応答についてまとめておこう。伝達関数

$$G(s) = \frac{a(T_2 s+1)}{T_1 s+1} \tag{A3.1}$$

ただし，$a>0$，$T_1>0$，$T_2>0$ に入力 $u(t)=\sin\omega t$ を加えると出力 $y_s(t)$ は

$$y_s(t) = |G(j\omega)|\sin(\omega t+\theta), \quad \theta = \angle G(j\omega) \tag{A3.2}$$

となる。ここで，$G(j\omega)$ は周波数伝達関数であり，式(A3.1)から

$$G(j\omega) = \frac{a(jT_2\omega+1)}{jT_1\omega+1} \tag{A3.3}$$

で与えられ，式(A3.2)の $|G(j\omega)|$ と $\angle G(j\omega)$ はつぎのように計算される。

$$|G(j\omega)| = \frac{a\sqrt{(T_2\omega)^2+1}}{\sqrt{(T_1\omega)^2+1}} \tag{A3.4}$$

$$\begin{aligned}\angle G(j\omega) &= \angle a + \angle(jT_2\omega+1) - \angle(jT_1\omega+1)\\ &= \tan^{-1}(T_2\omega) - \tan^{-1}(T_1\omega)\end{aligned} \tag{A3.5}$$

（1）

$\omega \to 0$ のとき，$\omega^2 \ll 1$ であるから，式(A3.4) は

$$|G(j\omega)| = \frac{a\sqrt{0+1}}{\sqrt{0+1}} = a \tag{A3.6}$$

とみなすことができる。このとき題意からゲインは 10 dB に漸近したので

$$20\log_{10}|G(j\omega)| = 10$$

$$\log_{10}|G(j\omega)| = \frac{1}{2} = \log_{10}\sqrt{10}$$

$$\therefore \quad |G(j\omega)| = 3.162 \tag{A3.7}$$

である。式(A3.6) と式(A3.7) から

$$\underline{a = 3.162} \tag{A3.8}$$

と求められる。

（2）

$\omega \to \infty$ のとき $\omega^2 \gg 1$ であるから，式(A3.4) は

$$|G(j\omega)| = \frac{a\sqrt{(T_2\omega)^2+0}}{\sqrt{(T_1\omega)^2+0}} = \frac{aT_2\omega}{T_1\omega} = \frac{aT_2}{T_1} \tag{A3.9}$$

とみなすことができる。このとき題意からゲインは -10 dB に漸近したので

$$\log_{10}|G(j\omega)| = -\frac{1}{2} = \log_{10}\frac{1}{\sqrt{10}}$$

$$\therefore \quad |G(j\omega)| = 0.316\,2 \tag{A3.10}$$

である。式(A3.9) と式(A3.10) から

$$\frac{aT_2}{T_1} = 0.316\,2 \tag{A3.11}$$

となる。式(A3.11) に式(A3.8) を代入して次式を得る。

$$\underline{\frac{T_2}{T_1} = 0.1} \tag{A3.12}$$

（3）

位相差 $\theta = \angle G(j\omega)$ は次式で表すことができる。

$$\underline{\angle G(j\omega) = \tan^{-1}(\omega T_2) - \tan^{-1}(\omega T_1)} \qquad \text{(A3.5 再掲)}$$

問IV　解答

(1)

$D(s)=0$ として図 2 のブロック線図を描き直すと**図 A.2** となる。

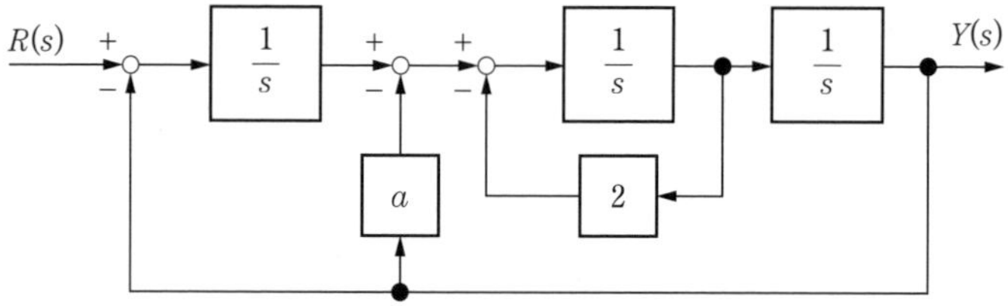

図 A.2

一番内側のフィードバック結合を等価変換して少し書き直す（**図 A.3**）。

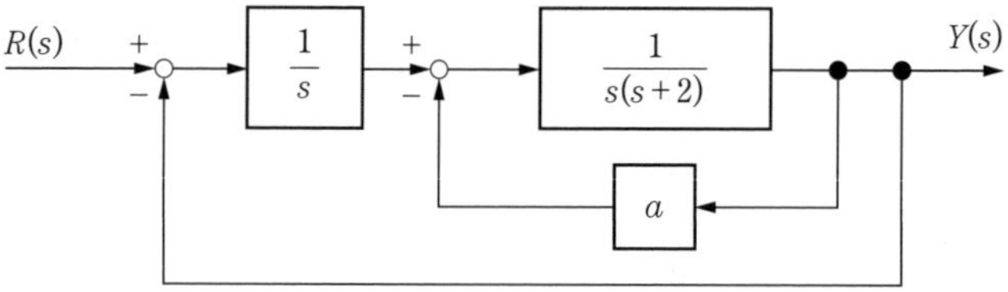

図 A.3

二つのフィードバック結合を内側から順に等価変換して，**図 A.4**(a)，(b) のようになる。

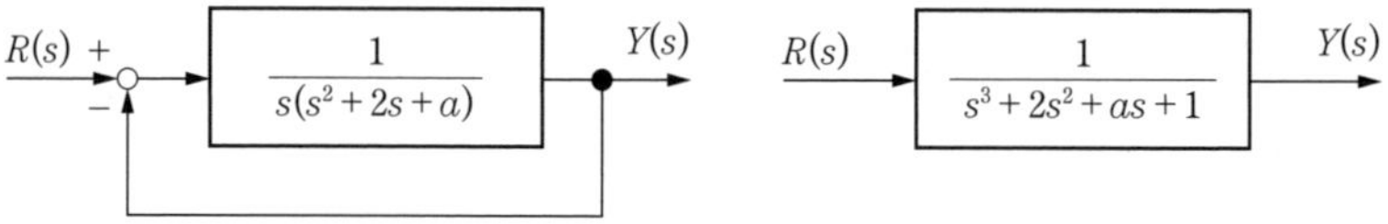

(a)　　(b)

図 A.4

したがって，$R(s)$ から $Y(s)$ までの伝達関数は次式となる。

$$\frac{Y(s)}{R(s)}=\frac{1}{s^3+2s^2+as+1} \tag{A4.1}$$

(2)

$R(s)=0$ として図 2 のブロック線図を描き直すと**図 A.5** となる。

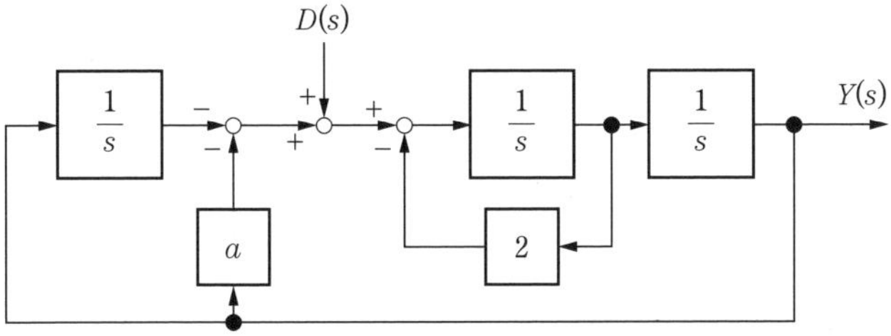

図 A.5

$D(s)$ をブロック線図の左端に移動して形を整える（**図 A.6**）。

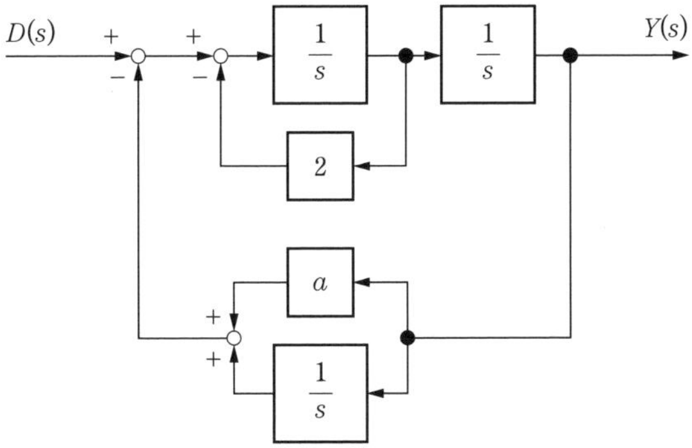

図 A.6

フィードバック結合の等価変換と並列結合の等価変換を施す（**図 A.7**）。

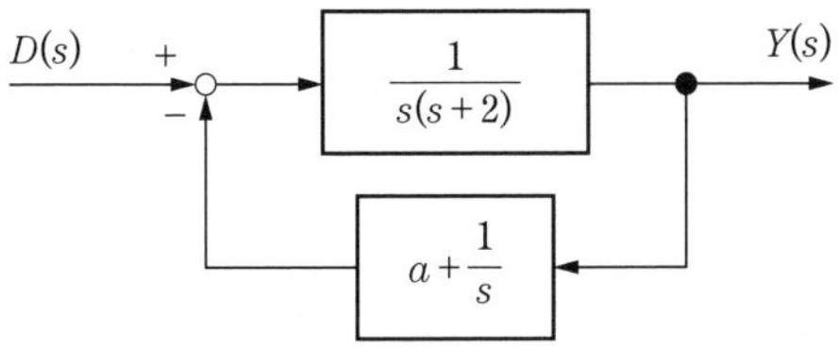

図 A.7

最後にもう一度フィードバック結合の等価変換をして**図 A.8** となる。

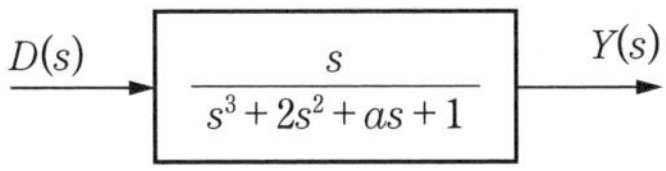

図 A.8

したがって，$D(s)$ から $Y(s)$ までの伝達関数は

$$\frac{Y(s)}{D(s)}=\frac{s}{s^3+2s^2+as+1} \tag{A4.2}$$

である。

(3)

このシステムの特性方程式は

$$s^3+2s^2+as+1=0 \tag{A4.3}$$

である。式(A4.3) にラウス・フルビッツの安定判別法を適用すると，ラウス表はつぎのようになる。

s^3 行	1	a	0
s^2 行	2	1	
s^1 行	$\dfrac{2a-1}{2}$	0	
s^0 行	1		

ラウス表の第 1 列のすべての要素が正となることが，システムが安定となる必要十分条件である。よって

$$a>\frac{1}{2} \tag{A4.4}$$

を得る。

(4)

制御偏差 $E(s)$ を，$E(s)=R(s)-Y(s)$ と定義する。図 A.4(a)からつぎの関係式が成り立つ。

$$E(s)=R(s)-\frac{1}{s(s^2+2s+a)}E(s) \tag{A4.5}$$

式(A4.5) を変形して

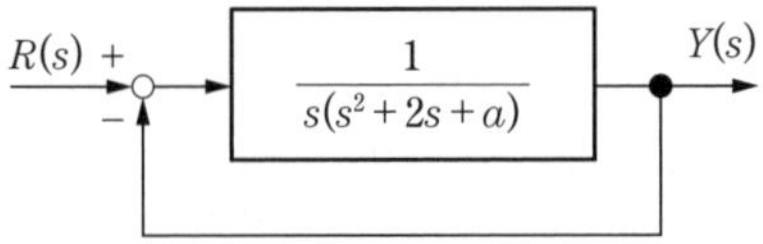

図 A.4(a)　再掲

$$\left\{1+\frac{1}{s(s^2+2s+a)}\right\}E(s)=R(s)$$

$$\frac{s^3+2s^2+as+1}{s^3+2s^2+as}E(s)=R(s)$$

$$\therefore \quad \frac{E(s)}{R(s)}=\frac{s^3+2s^2+as}{s^3+2s^2+as+1} \tag{A4.6}$$

を得る。

$R(s)$ として単位ランプ信号を入力した際の定常偏差は，ラプラス変換の最終値の定理を用いて次式で求めることができる。

$$e_v=\lim_{s\to 0} sE(s)=\lim_{s\to 0} s\cdot\frac{s^3+2s^2+as}{s^3+2s^2+as+1}\cdot\frac{1}{s^2}$$

$$=\lim_{s\to 0}\frac{s^2+2s+a}{s^3+2s^2+as+1}=\underline{\underline{a}} \tag{A4.7}$$

(5)

先に，制御偏差 $E(s)$ を $E(s)=R(s)-Y(s)$ と定義している。また，（2）において，$D(s)$ から $Y(s)$ までの伝達関数を

$$\frac{Y(s)}{D(s)}=\frac{s}{s^3+2s^2+as+1} \tag{A4.2 再掲}$$

と求めている。

いま，$R(s)=0$ として $D(s)$ から $E(s)$ までの伝達関数を見つけようとするとき，$E(s)=0-Y(s)$ と式(A4.2) から

$$\frac{E(s)}{D(s)}=\frac{-s}{s^3+2s^2+as+1} \tag{A4.8}$$

を導くことができる。

$D(s)$ として単位ステップ信号を入力した際の定常偏差は，ラプラス変換の最終値の定理を用いて次式で求めることができる。

$$e_p=\lim_{s\to 0} sE(s)=\lim_{s\to 0} s\cdot\frac{-s}{s^3+2s^2+as+1}\cdot\frac{1}{s}$$

$$=\lim_{s\to 0}\frac{-s}{s^3+2s^2+as+1}=\underline{\underline{0}} \tag{A4.9}$$

大阪大学大学院 工学研究科 博士前期課程
電気電子情報通信工学専攻 電気工学コース

■ 令和 2 年度入試 （令和元年 8 月実施問題　抜粋）

試験問題 （制御工学）

問 1 伝達関数 $G(s)$ が次式で表される線形時不変システムについて，以下の問いに答えよ．ただし，a は正の実数値をとるパラメータである．

$$G(s)=\frac{1000}{s^2+as+100}$$

（i） ステップ応答が単調増加となるための a に関する必要十分条件を求めよ．

（ii） $a=16$ としたときのインパルス応答を時間 t の関数として表せ．

（iii） $a=20$ としたときの $G(s)$ のボード線図におけるゲイン曲線の折れ線近似を考える．この折れ線近似において，角周波数の値が 10^2 となるときのゲインのデシベル値を求めよ．

（iv） $a=20$ としたとき，$G(s)$ のベクトル軌跡が虚軸の負の領域と交差する点の座標を求めよ．

（v） $a=10$ としたとき，ゲイン $|G(j\omega)|$ が最大値をとるときの角周波数 ω の値とゲイン $|G(j\omega)|$ の最大値をそれぞれ求めよ．ただし，j は虚数単位を表す．

問 2 次の状態方程式と出力方程式で与えられる 2 入力 1 出力の線形時不

変システムについて，以下の問いに答えよ．

$$\frac{d\boldsymbol{x}(t)}{dt}=\begin{bmatrix}-3 & 0 & 0\\ 0 & -a & 0\\ 1 & 1 & 1\end{bmatrix}\boldsymbol{x}(t)+\begin{bmatrix}1 & 0\\ 0 & 2\\ 0 & 0\end{bmatrix}\boldsymbol{u}(t)$$

$$y(t)=[0\quad 0\quad 1]\,\boldsymbol{x}(t)$$

ただし，$\boldsymbol{x}(t)=\begin{bmatrix}x_1(t)\\ x_2(t)\\ x_3(t)\end{bmatrix}$ は状態変数ベクトル，$\boldsymbol{u}(t)=\begin{bmatrix}u_1(t)\\ u_2(t)\end{bmatrix}$ は入力変数ベクトル，$y(t)$ は出力変数であり，a は実数値をとるパラメータである．

（ i ） このシステムを表すブロック線図を**図 1** に示す．

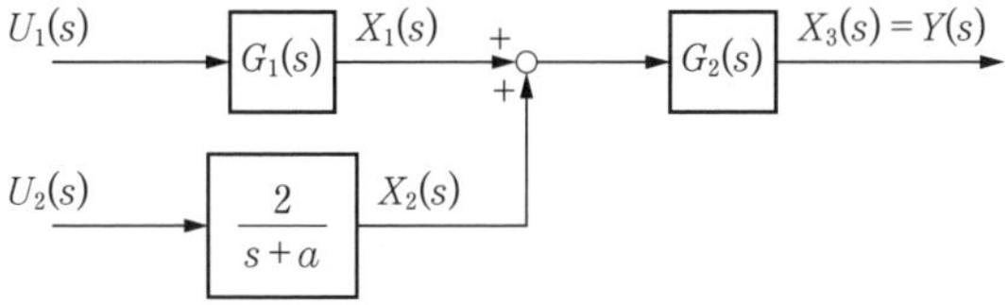

図 1

図中の $U_1(s), U_2(s), X_1(s), X_2(s), X_3(s), Y(s)$ はそれぞれ $u_1(t), u_2(t), x_1(t), x_2(t), x_3(t), y(t)$ のラプラス変換を表す．$G_1(s)$ および $G_2(s)$ を求めよ．

（ ii ） $a=0$ とする．このシステムの可制御性と可観測性を判定せよ．ただし，その理由を明らかにすること．

（iii） 入力 $\boldsymbol{u}(t)$ を $u_1(t)=u_2(t)=-y(t)$ とする出力フィードバックを施したシステムが安定となるための a に関する必要十分条件を求めよ．

専門用語の英訳

伝達関数	transfer function
線形時不変システム	linear time–invariant system
ステップ応答	step response
単調増加	monotonically increasing
必要十分条件	necessary and sufficient condition

インパルス応答	impulse response
ボード線図	Bode diagram
ゲイン曲線	log–magnitude curve
折れ線近似	piecewise linear approximation
角周波数	angular frequency
ゲイン	gain
デシベル値	decibel value
ベクトル軌跡	vector locus, polar plot
虚軸	imaginary axis
座標	coordinate
虚数単位	imaginary unit
状態方程式	state equation
出力方程式	output equation
状態変数ベクトル	state variable vector
入力変数ベクトル	input variable vector
出力変数	output variable
ブロック線図	block diagram
ラプラス変換	Laplace transform
可制御性	controllability
可観測性	observability
出力フィードバック	output feedback
安定	stable

問 1　解答

(i)

まずは，システムが安定でなくてはならない。特性方程式

$$s^2 + as + 100 = 0 \tag{A1.1}$$

にラウス・フルビッツの安定判別法を適用して，つぎのラウス表を得る。

s^2 行	1	100
s^1 行	a	0
s^0 行	100	

ラウス表の第 1 列のすべての要素が正となることが，システムが安定であるた

めの必要十分条件である。したがって

$$a>0 \tag{A1.2}$$

を得る。

式(A1.2)は，問題文において，パラメータaの定義域として与えられている。これは，不安定システムを対象から排除するためであると理解できる。

また，特性根が共役複素数のときステップ応答は振動的になるので，単調増加となるには実根でなくてはならない。よって，式(A1.1)の判別式$D \geq 0$より

$$a^2-400 \geq 0$$

$$\therefore \quad (a+20)(a-20) \geq 0 \tag{A1.3}$$

となる。式(A1.2)と式(A1.3)から，所望の条件は

$$\underline{a \geq 20} \tag{A1.4}$$

と求まる。

さらに詳しく

与式の伝達関数

$$G(s)=\frac{1\,000}{s^2+as+100} \tag{A1.5}$$

と二次遅れ要素の標準形

$$G(s)=\frac{k{\omega_n}^2}{s^2+2\zeta\omega_n s+{\omega_n}^2} \tag{A1.6}$$

を比較すると

$$k=10, \quad \omega_n=10 \tag{A1.7}$$

であることがすぐにわかる。したがって

$$a=2\zeta\omega_n=20\zeta \tag{A1.8}$$

の関係になっている。減衰係数ζが1以上であれば，ステップ応答は振動もオーバーシュートもしないから，式(A1.8)より，$a \geq 20$を得る。

(ii)

伝達関数は単位インパルス応答をラプラス変換したものである。よって，単

位インパルス応答 $y(t)$ はつぎのように伝達関数を逆ラプラス変換すればよい。

$$
\begin{aligned}
y(t) &= \mathcal{L}^{-1}[G(s)] \\
&= \mathcal{L}^{-1}\left[\frac{1\,000}{s^2+16s+64+36}\right] = \mathcal{L}^{-1}\left[\frac{1\,000}{(s+8)^2+6^2}\right] \\
&= \mathcal{L}^{-1}\left[\frac{1\,000}{6}\times\frac{6}{(s+8)^2+6^2}\right] \\
&= \frac{500}{3}e^{-8t}\sin 6t
\end{aligned}
\tag{A1.9}
$$

(iii)

$a=20$ としたとき伝達関数は

$$
G(s)=\frac{1\,000}{s^2+20s+100}=\frac{1\,000}{(s+10)^2}=\frac{10}{\left(1+\dfrac{1}{10}s\right)\left(1+\dfrac{1}{10}s\right)} \tag{A1.10}
$$

と書くことができる。式(A1.10) を

$$
G(s)=G_1(s)G_2(s)G_3(s) \tag{A1.11}
$$

に分解すれば，$G_1(s)=10$，$G_2(s)=G_3(s)=\dfrac{1}{1+Ts}$ である。

$G_1(s)=10$ のゲインをデシベル表示するための計算は次式となる。

$$
g_1=20\log_{10}|G_1(s)|=20\log_{10}10=20 \text{〔dB〕} \tag{A1.12}
$$

よって，伝達関数 $G(s)$ のゲイン特性曲線の折れ線近似は，**図 A.1** のようになる。図 A.1 から，$\omega=100$〔rad/s〕のときのゲインの値は，-20 dB と求まる。

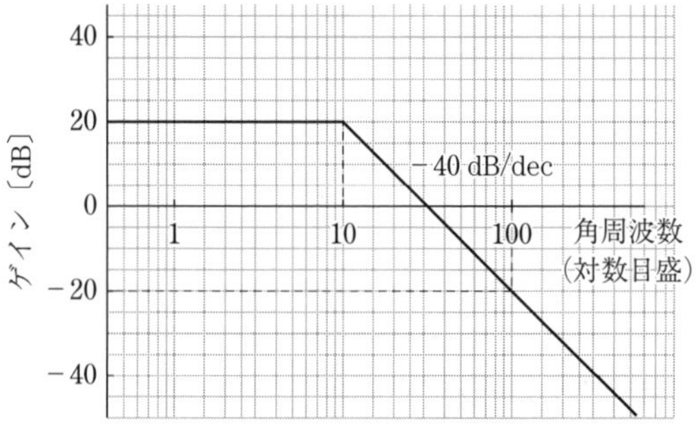

図 A.1

さらに詳しく

題意は，折れ線近似から求めることを指示している。ここでは，正確に計算して，どのくらいの誤差になっているかを見る。周波数伝達関数は

$$G(j\omega)=\frac{1\,000}{(j\omega)^2+20(j\omega)+100}=\frac{1\,000}{(100-\omega^2)+j20\omega} \qquad \text{(A1.13)}$$

である。つぎのように式(A1.13) に $\omega=100$ を代入して絶対値を求める。

$$\begin{aligned}|G(j100)|&=\left|\frac{1\,000}{(100-100^2)+j2\,000}\right|\\&=\frac{1\,000}{\sqrt{(100-100^2)^2+2\,000^2}}\\&=0.099\,0\end{aligned} \qquad \text{(A1.14)}$$

これをデシベルで表示すると

$$20\log_{10}0.099\,0=-20.09\ \text{dB} \qquad \text{(A1.15)}$$

であり，わずかな誤差であることを確認できる。

(iv)

周波数伝達関数は

$$G(j\omega)=\frac{1\,000}{(100-\omega^2)+j20\omega} \qquad \text{(A1.13 再掲)}$$

である。ベクトル軌跡が虚軸と交差するのは実部がゼロのときであるから

$$100-\omega^2=0 \qquad \text{(A1.16)}$$

を $\omega>0$ の条件で解いて

$$\omega=10\ \text{〔rad/s〕} \qquad \text{(A1.17)}$$

を得る。このときの周波数伝達関数は

$$G(j10)=\frac{1\,000}{0+j20\times 10}=\frac{1\,000}{j200}\times\frac{j}{j}=-j5 \qquad \text{(A1.18)}$$

と求まるので，虚軸との交点は，$0-j5$ である。

さらに詳しく

ベクトル軌跡が虚軸と交差するのは実部がゼロのときである。そこで，式(A1.13) の分母の実部をゼロとおいた。有理化して，実部と虚部に分けてからするのとでは何が違うのか確認しよう。

式(A1.13) をつぎのように有理化する。

$$G(j\omega)=\frac{1\,000}{(100-\omega^2)+j20\omega}\times\frac{(100-\omega^2)-j20\omega}{(100-\omega^2)-j20\omega}$$

$$=\frac{1\,000(100-\omega^2)}{(100-\omega^2)^2+(20\omega)^2}-j\frac{20\,000\omega}{(100-\omega^2)^2+(20\omega)^2} \tag{A1.19}$$

式(A1.19) において実部をゼロとおくと，式(A1.16) を得る。これは，有理化する際に，分母の共役複素数を分母分子に掛けたからである。

有理化する手間を省くために，つねに分母だけに着目して実軸，虚軸の交点を求めるのでよいかといえば，そうではない。たまたま，式(A1.13) の分子が実数だからこれが許されたのであって，分子が複素数のときは，手間を惜しまず有理化しなくてはならない。

さて，以下において，$a=20$ としたときの伝達関数

$$G(s)=\frac{1\,000}{s^2+20s+100} \tag{A1.10 再掲}$$

のベクトル軌跡の概形を描いてみよう。式(A1.10) の周波数伝達関数は

$$G(j\omega)=\frac{1\,000}{(j\omega)^2+20(j\omega)+100} \tag{A1.20}$$

または

$$G(j\omega)=\frac{1\,000}{(100-\omega^2)+j20\omega} \tag{A1.13 再掲}$$

または

$$G(j\omega)=\frac{1\,000(100-\omega^2)}{(100-\omega^2)^2+(20\omega)^2}-j\frac{20\,000\omega}{(100-\omega^2)^2+(20\omega)^2} \tag{A1.19 再掲}$$

と書くことができる。

① $\omega=0$〔rad/s〕のとき

式(A1.20)に $\omega=0$ を代入すると

$$G(j0)=\frac{1\,000}{0+0+100}=10 \tag{A1.21}$$

となるから，このときのゲインと位相は

$$|G(j0)|=10 \tag{A1.22}$$

$$\angle G(j0)=\angle 10=0\ \text{〔deg〕} \tag{A1.23}$$

である。

② $\omega=10$〔rad/s〕のとき

式(A1.13)に $\omega=10$ を代入すると

$$G(j10)=\frac{1\,000}{0+j200}=\frac{5}{j}=-j5 \tag{A1.24}$$

となるから，このときのゲインと位相は

$$|G(j10)|=|-j5|=5 \tag{A1.25}$$

$$\angle G(j10)=\angle(-j5)=-90\ \text{〔deg〕} \tag{A1.26}$$

である。

③ $\omega\to\infty$〔rad/s〕のとき

$\omega^2\gg\omega\gg100$ であるから，式(A1.20)は

$$G(j\omega)=\frac{1\,000}{(j\omega)^2+0+0}=-\frac{1\,000}{\omega^2} \tag{A1.27}$$

とみなすことができる。したがって，ゲインと位相は

$$\lim_{\omega\to\infty}|G(j\omega)|=\lim_{\omega\to\infty}\frac{1\,000}{\omega^2}=0 \tag{A1.28}$$

$$\angle G(j\omega)=\angle\left(-\frac{1\,000}{\omega^2}\right)=-180\ \text{〔deg〕} \tag{A1.29}$$

である。

④ ω がゼロから無限大まで変化する間

式(A1.19) より，実部は

・$0\leq\omega<10$ のとき：正

・$\omega=10$ のとき：ゼロ

・$\omega>10$ のとき：負

となる。また，虚部はつねに負である。

以上の情報を基にベクトル軌跡の概形を描くと**図 A.2** のようになる。

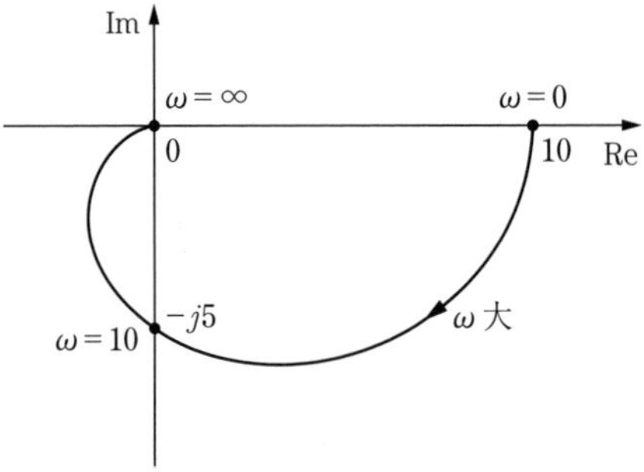

図 A.2

(**v**)

$a=10$ としたとき，伝達関数は

$$G(s)=\frac{1\,000}{s^2+10s+100} \tag{A1.30}$$

であるから，周波数伝達関数は

$$G(j\omega)=\frac{1\,000}{(100-\omega^2)+j10\omega}=\frac{10}{1-\left(\dfrac{\omega}{10}\right)^2+j\left(\dfrac{\omega}{10}\right)} \tag{A1.31}$$

となる。よって，ゲイン $|G(j\omega)|$ は

$$|G(j\omega)|=\frac{10}{\sqrt{\left\{1-\left(\dfrac{\omega}{10}\right)^2\right\}^2+\left(\dfrac{\omega}{10}\right)^2}}=\frac{10}{\sqrt{(1-x)^2+x}} \tag{A1.32}$$

ただし，$x=\left(\dfrac{\omega}{10}\right)^2$ と書くことができる。

式(A1.32) の $\sqrt{\ }$ の中を $f(x)$ とおいて，$f(x)$ の最小値を求めよう。$f(x)$ を平方完成すると

$$f(x)=(1-x)^2+x=x^2-x+1=\left(x-\frac{1}{2}\right)^2+\frac{3}{4} \tag{A1.33}$$

となるから，$x=1/2$ のとき最小値 $3/4$ を取る。したがって $|G(j\omega)|$ の最大値 M_p は

$$M_p=\frac{10}{\sqrt{\dfrac{3}{4}}}=\frac{20}{\sqrt{3}}=\frac{20\sqrt{3}}{3}=\underline{\underline{11.55}} \tag{A1.34}$$

である。また，最大値となるときの角周波数は，$\left(\dfrac{\omega}{10}\right)^2=\dfrac{1}{2}$ から

$$\omega=5\sqrt{2}=\underline{\underline{7.071\ [\mathrm{rad/s}]}} \tag{A1.35}$$

と求まる。

問2　解答

(i)

与式はつぎのように書くことができる。

$$\frac{d}{dt}\begin{bmatrix}x_1(t)\\x_2(t)\\x_3(t)\end{bmatrix}=\begin{bmatrix}-3 & 0 & 0\\0 & -a & 0\\1 & 1 & 1\end{bmatrix}\begin{bmatrix}x_1(t)\\x_2(t)\\x_3(t)\end{bmatrix}+\begin{bmatrix}1 & 0\\0 & 2\\0 & 0\end{bmatrix}\begin{bmatrix}u_1(t)\\u_2(t)\end{bmatrix} \tag{A2.1}$$

$$y(t)=\begin{bmatrix}0 & 0 & 1\end{bmatrix}\begin{bmatrix}x_1(t)\\x_2(t)\\x_3(t)\end{bmatrix} \tag{A2.2}$$

式(A2.1) と式(A2.2) の行列表現をやめて要素で書くと

$$\frac{dx_1(t)}{dt}=-3x_1(t)+u_1(t) \tag{A2.3}$$

$$\frac{dx_2(t)}{dt}=-ax_2(t)+2u_2(t) \tag{A2.4}$$

$$\frac{dx_3(t)}{dt}=x_1(t)+x_2(t)+x_3(t) \tag{A2.5}$$

$$y(t)=x_3(t) \tag{A2.6}$$

となる。すべての初期値をゼロとして式(A2.3)～式(A2.6) をラプラス変換するとつぎのようになる。

$$sX_1(s)=-3X_1(s)+U_1(s) \tag{A2.7}$$

$$sX_2(s)=-aX_2(s)+2U_2(s) \tag{A2.8}$$

$$sX_3(s) = X_1(s) + X_2(s) + X_3(s) \tag{A2.9}$$

$$Y(s) = X_3(s) \tag{A2.10}$$

式(A2.7) から

$$(s+3)X_1(s) = U_1(s)$$

$$\therefore \quad G_1(s) = \frac{X_1(s)}{U_1(s)} = \frac{1}{s+3} \tag{A2.11}$$

となる。また，式(A2.8) から

$$(s+a)X_2(s) = 2U_2(s)$$

$$\therefore \quad \frac{X_2(s)}{U_2(s)} = \frac{2}{s+a} \tag{A2.12}$$

となる。式(A2.9) は

$$(s-1)X_3(s) = X_1(s) + X_2(s) \tag{A2.13}$$

となるので，式(A2.10) を考慮して

$$\therefore \quad G_2(s) = \frac{Y(s)}{X_1(s) + X_2(s)} = \frac{1}{s-1} \tag{A2.14}$$

と求められる。

（**ii**）

$a=0$ とするとき，$U_1(s)$ から $Y(s)$ までの伝達関数は $\dfrac{1}{(s+3)(s-1)}$，また，$U_2(s)$ から $Y(s)$ までの伝達関数は $\dfrac{2}{s(s-1)}$ となる。どちらの伝達関数も極零相殺が起こっていないので，このシステムは可制御かつ可観測である。

特殊なケースとして $U(s) = U_1(s) = U_2(s)$ とすれば，並列結合によって零点が発生する。この新たな零点と $G_2(s)$ の極が極零相殺することが考えられる。並列結合を等価変換すると

$$\frac{1}{s+3} + \frac{2}{s} = \frac{3s+6}{s(s+3)} = \frac{3(s+2)}{s(s+3)} \tag{A2.15}$$

であるから

$$\frac{Y(s)}{U(s)} = \frac{3(s+2)}{s(s+3)(s-1)} \tag{A2.16}$$

となり，このケースにおいても極零相殺が起こらないことを確認できた。

(iii)

入力 $u(t)$ として $u_1(t)=u_2(t)=-[0\quad 0\quad 1]x(t)$ を施すとき，システムはつぎのように記述される。

$$\frac{dx(t)}{dt}=\begin{bmatrix}-3 & 0 & 0\\ 0 & -a & 0\\ 1 & 1 & 1\end{bmatrix}x(t)-\begin{bmatrix}1 & 0\\ 0 & 2\\ 0 & 0\end{bmatrix}\begin{bmatrix}0 & 0 & 1\\ 0 & 0 & 1\end{bmatrix}x(t)$$

$$=\begin{bmatrix}-3 & 0 & 0\\ 0 & -a & 0\\ 1 & 1 & 1\end{bmatrix}x(t)-\begin{bmatrix}0 & 0 & 1\\ 0 & 0 & 2\\ 0 & 0 & 0\end{bmatrix}x(t)$$

$$=\begin{bmatrix}-3 & 0 & -1\\ 0 & -a & -2\\ 1 & 1 & 1\end{bmatrix}x(t) \tag{A2.17}$$

式(A2.17) で表されるフィードバックシステムが安定となるには，特性方程式

$$\left|sI-\begin{bmatrix}-3 & 0 & -1\\ 0 & -a & -2\\ 1 & 1 & 1\end{bmatrix}\right|=0 \tag{A2.18}$$

が安定な特性根をもつことが必要十分条件である。式(A2.18) は

$$s^3+(2+a)s^2+2as+(6-2a)=0 \tag{A2.19}$$

と書き直すことができる。式(A2.19) にラウス・フルビッツの安定判別法を適用すると，ラウス表はつぎのようになる。

s^3 行	1	$2a$	0
s^2 行	$2+a$	$6-2a$	
s^1 行	$\dfrac{2a^2+6a-6}{2+a}$	0	
s^0 行	$6-2a$		

ラウス表の第１列のすべての要素が正になることが，システムが安定になる必要十分条件である。したがって

$$2+a>0 \tag{A2.20}$$

$$2a^2+6a-6>0 \tag{A2.21}$$

$$6-2a>0 \tag{A2.22}$$

を同時に満たす a の条件を求める。式(A2.20) と式(A2.22) から

$$-2<a<3 \tag{A2.23}$$

となる。また，式(A2.21) から

$$a<-3.79, \quad 0.79<a \tag{A2.24}$$

となる。よってつぎのように求められる。

$$\underline{0.79<a<3} \tag{A2.25}$$

大阪大学大学院 工学研究科 博士前期課程
電気電子情報通信工学専攻 電気工学コース

平成 31 年度入試 （平成 30 年 8 月実施問題　抜粋）

試験問題　（制御工学）

問 1　**図 1** のブロック線図において，$R(s)$ から $C(s)$ までの伝達関数を $G_1(s)$，$G_2(s)$，$G_3(s)$ を用いて表せ．

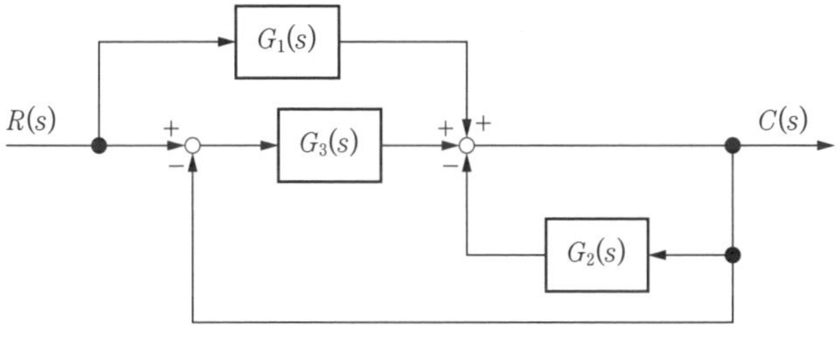

図 1

問 2　**図 2** のフィードバックシステムについて，以下の問いに答えよ．ただし，K は実数値をとるゲインであり，$R(s)$，$C(s)$ はそれぞれ時間関数 $r(t)$，$c(t)$ $(t \geq 0)$ のラプラス変換を表す．また，$E(s)$ は $e(t) = r(t) - c(t)$

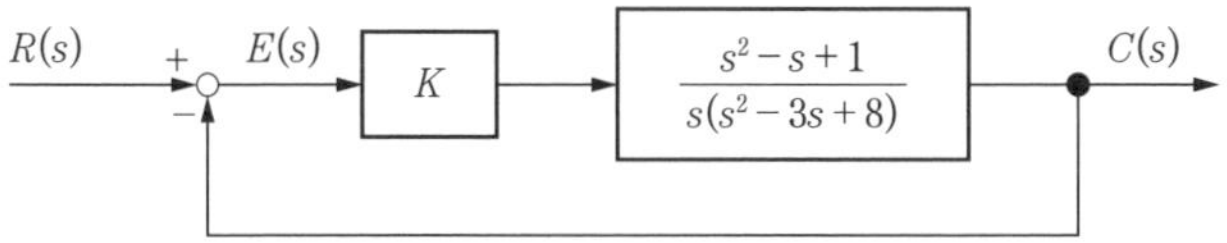

図 2

$(t \geq 0)$ のラプラス変換を表す．

（ i ）　$R(s)$ から $E(s)$ までの伝達関数が安定となるための K に関する必要十分条件を求めよ．

（ ii ）　$K=5$ としたとき，$r(t)=t \ (t \geq 0)$ なる単位ランプ入力に対する定常偏差 $\lim_{t \to \infty} e(t)$ を求めよ．

（iii）　$K=5$ としたとき，フィードバックシステムの開ループ伝達関数 $L(s)$ に対する位相 $\angle L(j\omega)$ の角周波数 ω に関する漸近値 $\lim_{\omega \to 0} \angle L(j\omega)$ と $\lim_{\omega \to \infty} \angle L(j\omega)$ をそれぞれ求めよ．ただし，j は虚数単位を表し，$\angle L(j\omega)$ は $L(j\omega)$ の偏角を表す．

（iv）　K の値を 0 から ∞ へと変化させたときのフィードバックシステムの根軌跡において，無限遠点へ発散しない軌跡が存在する．無限遠点へ発散しない軌跡の終点の座標をすべて求めよ．

問 3　次式の状態方程式と出力方程式で与えられる線形時不変システムについて，以下の問いに答えよ．

$$\frac{d\boldsymbol{x}(t)}{dt} = \boldsymbol{A}\boldsymbol{x}(t) + \boldsymbol{b}u(t), \quad y(t) = \boldsymbol{c}\boldsymbol{x}(t)$$

ただし，係数行列と係数ベクトルは

$$\boldsymbol{A} = \begin{bmatrix} 0 & -1 \\ 3 & 2 \end{bmatrix}, \quad \boldsymbol{b} = \begin{bmatrix} 1 \\ 0 \end{bmatrix}, \quad \boldsymbol{c} = \begin{bmatrix} 2 & 1 \end{bmatrix}$$

で与えられ，$\boldsymbol{x}(t) = \begin{bmatrix} x_1(t) \\ x_2(t) \end{bmatrix}$ は状態変数ベクトル，$u(t)$ は入力変数，$y(t)$ は出力変数である．

（ i ）　このシステムの可制御性行列を求めよ．

（ ii ）　このシステムを可制御正準システムに変換せよ．

（iii）　行列指数関数 $e^{(\boldsymbol{A}-2\boldsymbol{b}\boldsymbol{c})t}$ を求めよ．

（iv）　入力 $u(t) = -2y(t) + te^{-t} \ (t \geq 0)$ に対する出力 $y(t) \ (t \geq 0)$ を求めよ．ただし，初期状態は $x_1(0)=0$，$x_2(0)=0$ とする．

（v）k を正の実数値とし，入力 $u(t)=-ky(t)$ $(t\geq 0)$ を施した出力フィードバックシステムを考える．この出力フィードバックシステムの極の実部が $-\dfrac{1}{2}$ 未満となるための k に関する必要十分条件を求めよ．

専門用語の英訳

ブロック線図	block diagram
伝達関数	transfer function
フィードバックシステム	feedback system
ゲイン	gain
ラプラス変換	Laplace transform
安定	stable
必要十分条件	necessary and sufficient condition
単位ランプ入力	unit ramp input
定常偏差	steady–state error
開ループ伝達関数	open–loop transfer function
位相	phase
角周波数	angular frequency
漸近値	asymptotic value
虚数単位	imaginary unit
偏角	argument
根軌跡	root locus
無限遠点	point at infinity
終点	end point
線形時不変システム	linear time–invariant system
状態方程式	state equation
出力方程式	output equation
係数行列	coefficient matrix
係数ベクトル	coefficient vector
状態変数ベクトル	state variable vector
入力変数	input variable
出力変数	output variable

可制御性行列	controllability matrix
可制御正準システム	controllable canonical system
行列指数関数	matrix exponential function
出力フィードバックシステム	output feedback system
極	pole

問1　解答

$R(s)$ を**図 A.1** に示すように，$R_1(s)$ と $R_2(s)$ に分けて考える。

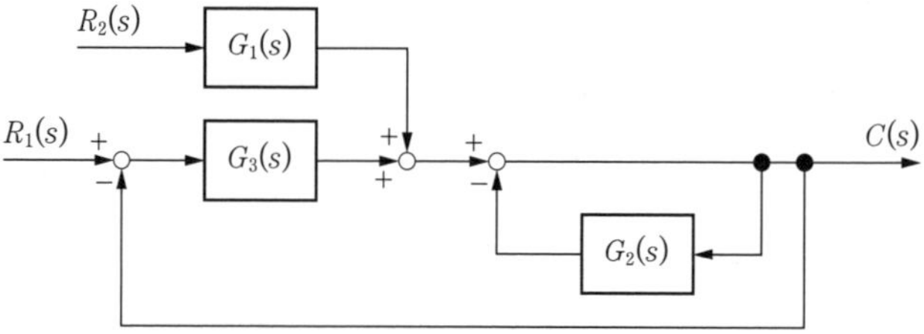

図 A.1

まず，$R_2(s)=0$ とおいて，$R_1(s)$ から $C(s)$ までに着目する（**図 A.2**）。

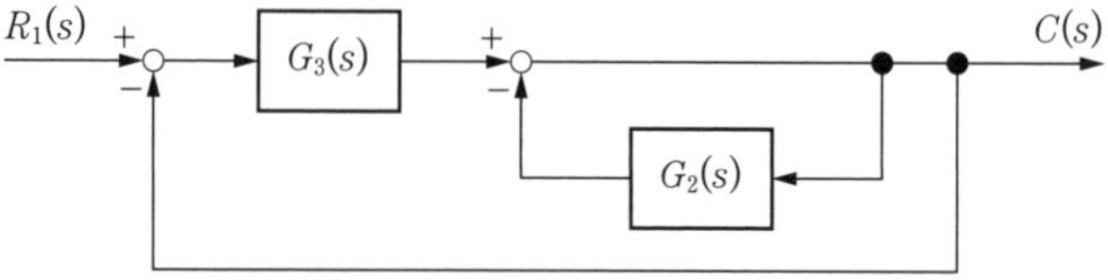

図 A.2

内側のフィードバック結合を等価変換したのち（**図 A.3**(a))，外側のフィードバック結合を等価変換する（図(b))。

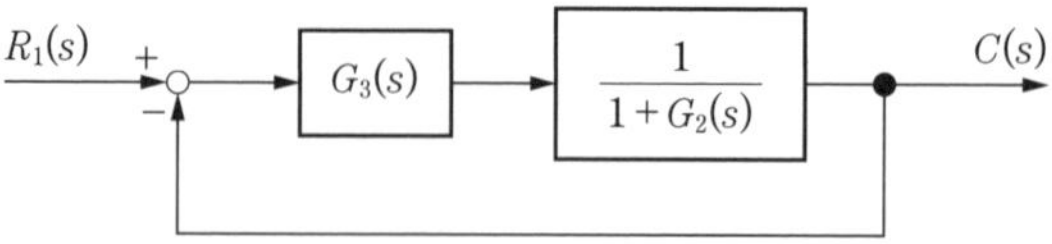

(a)

図 A.3

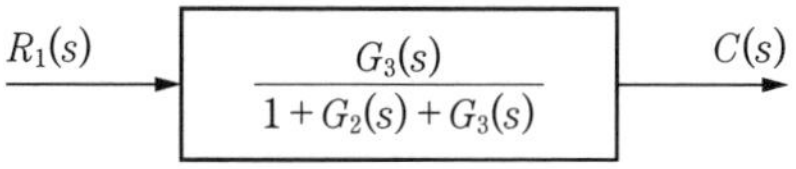

（b）

図 A.3　(つづき)

つぎに，$R_1(s)=0$ とおいて，$R_2(s)$ から $C(s)$ までに着目する (**図 A.4**)。

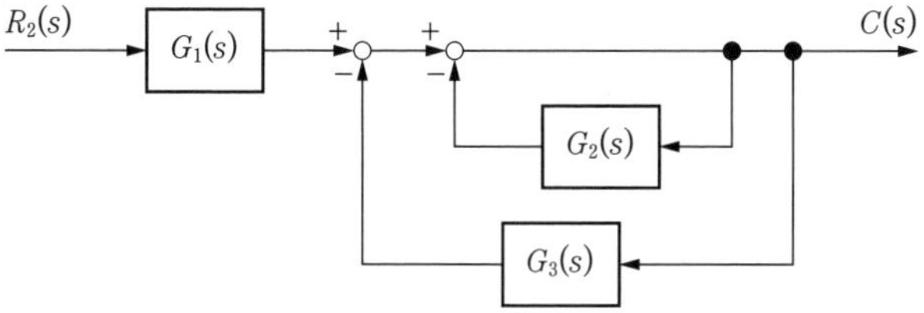

図 A.4

先ほどと同様に，内側のフィードバック結合を等価変換したのち (**図 A.5**（a）)，外側のフィードバック結合を等価変換する (図（b）)。

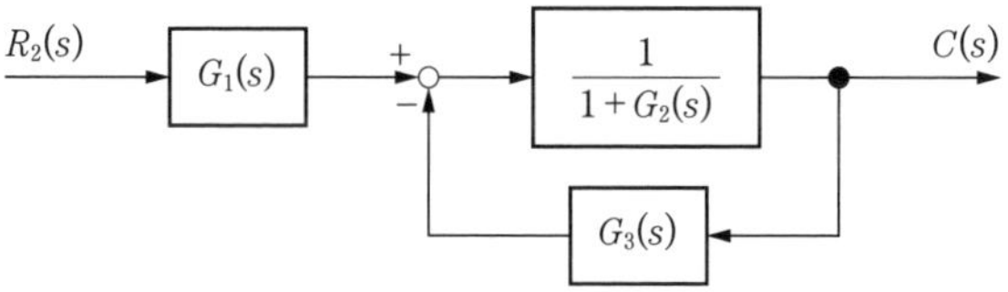

（a）

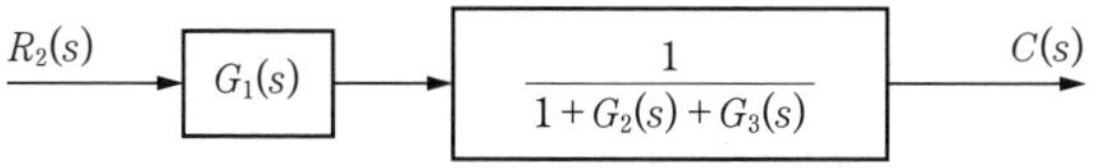

（b）

図 A.5

最後に直列結合の等価変換を行って**図 A.6** となる。

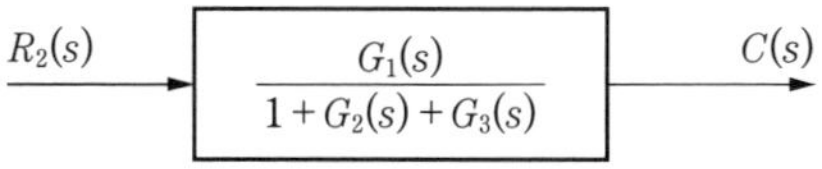

図 A.6

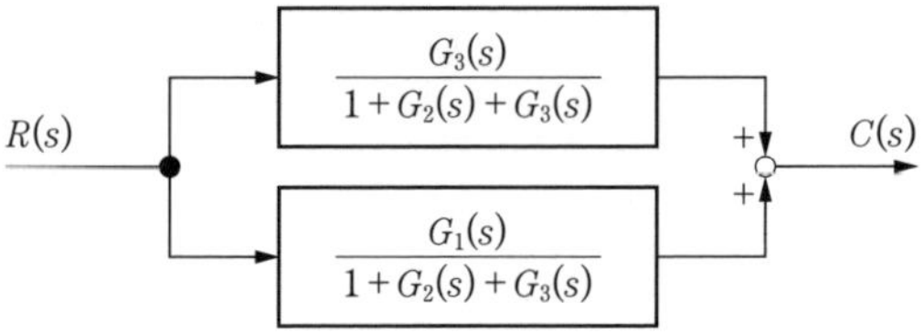

図 A.7

$R(s)=R_1(s)=R_2(s)$ とおくことで，図 A.3 と図 A.6 から**図 A.7** となる。

並列結合の等価変換を施して**図 A.8** となる。

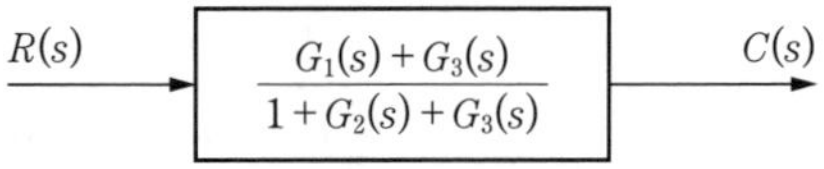

図 A.8

よって，$R(s)$ から $C(s)$ までの伝達関数 $G(s)$ は

$$G(s)=\frac{C(s)}{R(s)}=\frac{G_1(s)+G_3(s)}{1+G_2(s)+G_3(s)} \tag{A1.1}$$

と求められた。

さらに詳しく

問題文には，ブロック線図の等価変換を用いることの指示がない。このようなときは，$R(s)$ から $C(s)$ までの伝達関数をもっと簡単に求めることができる。

図 1 に示されたブロック線図を二つに分けると扱いやすくなる。**図 A.9** に示すように，$R(s)$ と $C(s)$ の中間に新しく信号 $Q(s)$ を設ける。

図 A.9(a)から，つぎの関係式が成り立つ。

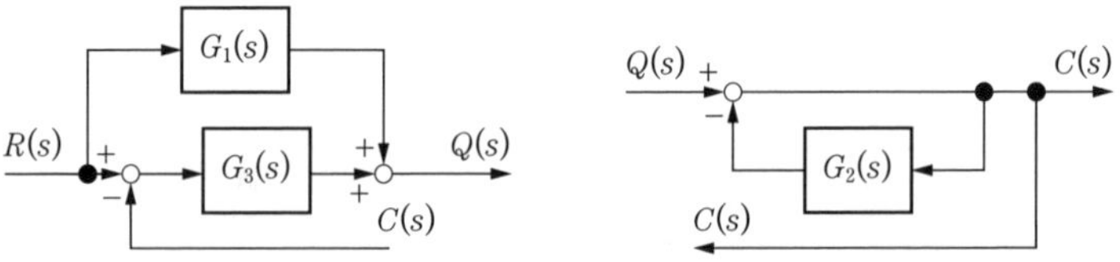

(a)　(b)

図 A.9

$$Q(s)=G_1(s)R(s)+G_3(s)\{R(s)-C(s)\} \tag{A1.2}$$

また，図（b）から

$$C(s)=Q(s)-G_2(s)C(s) \tag{A1.3}$$

が成り立つ。

式(A1.2) と式(A1.3) から $Q(s)$ を消去して $R(s)$ から $C(s)$ までの伝達関数を求めよう。式(A1.2) の $Q(s)$ を式(A1.3) に代入すると

$$C(s)=G_1(s)R(s)+G_3(s)\{R(s)-C(s)\}-G_2(s)C(s) \tag{A1.4}$$

となり，式(A1.4) を整理して次式を得る。

$$\{1+G_2(s)+G_3(s)\}C(s)=\{G_1(s)+G_3(s)\}R(s)$$

$$\therefore \quad G(s)=\frac{C(s)}{R(s)}=\frac{G_1(s)+G_3(s)}{1+G_2(s)+G_3(s)} \tag{A1.1 再掲}$$

問 2　解答

(i)

閉ループ系の特性方程式は

$$1+\frac{K(s^2-s+1)}{s(s^2-3s+8)}=0 \tag{A2.1}$$

であるから，分母を払って整理すると

$$s^3+(K-3)s^2+(8-K)s+K=0 \tag{A2.2}$$

となる。式(A2.2) にラウス・フルビッツの安定判別法を適用する。ラウス表はつぎのようになる。

s^3 行	1	$8-K$	0
s^2 行	$K-3$	K	
s^1 行	$\dfrac{-K^2+10K-24}{K-3}$	0	
s^0 行	K		

つぎのようにラウス表の第 1 列のすべての要素が正となることが，システムが安定となる必要十分条件である。

$$K-3>0 \tag{A2.3}$$

$$-K^2+10K-24>0 \tag{A2.4}$$

$$K>0 \tag{A2.5}$$

式(A2.4) は

$$(K-6)(K-4)<0 \tag{A2.6}$$

となるから，これより

$$\underline{4<K<6} \tag{A2.7}$$

を得る。また，式(A2.3) と式(A2.5) から

$$K>3 \tag{A2.8}$$

となる。したがって，求める必要十分条件は式(A2.7) である。

さらに詳しく

ラウス・フルビッツの安定判別法を適用する際には，最初に特性方程式のすべての係数が正であるかどうかを調べる。このとき，係数に負やゼロがあれば，その時点でシステムは安定ではないと結論付けられる。特性方程式のすべての係数が正であることは，安定であるための必要条件になっており，すべての係数が正であるからといってもシステムが安定とは限らないが，係数に負やゼロがあれば，不安定または安定限界と言い切ることができる。

ラウス表をつくって，第1列のすべての要素が正となることが，システムが安定となる必要十分条件である。それなら，この必要十分条件だけでよいではないかと感じるが，先の必要条件はなにも計算をしなくても適用できるので使い勝手がよい。

多くの本において

・特性方程式のすべての係数が正であること

・ラウス表の第1列のすべての要素が正となること

が，システムが安定であるための必要十分条件と書いてあるが，それは間違いである。

式(A2.2) の特性方程式に関していえば，一次の係数 $(8-K)$ について，$8-K>0$ の条件を考慮しなかった。必要条件に過ぎないからである。ラウス表から

得た必要十分条件 $4<K<6$ は，もちろん，$8-K>0$ を満たしている。

(ii)

$R(s)$ から $E(s)$ までの伝達関数は

$$\frac{E(s)}{R(s)}=\frac{1}{1+\dfrac{5(s^2-s+1)}{s(s^2-3s+8)}}=\frac{s(s^2-3s+8)}{s^3+2s^2+3s+5} \tag{A2.9}$$

となる。つぎのようにラプラス変換の最終値の定理を適用して定常偏差を求める。

$$\begin{aligned} e_v &= \lim_{s\to 0} sE(s) \\ &= \lim_{s\to 0} s\cdot\frac{s(s^2-3s+8)}{s^3+2s^2+3s+5}\cdot\frac{1}{s^2} \\ &= \lim_{s\to 0}\frac{s^2-3s+8}{s^3+2s^2+3s+5}=\underline{\frac{8}{5}} \end{aligned} \tag{A2.10}$$

(iii)

開ループ伝達関数は

$$L(s)=\frac{5(s^2-s+1)}{s(s^2-3s+8)} \tag{A2.11}$$

であるから，この周波数伝達関数は

$$L(j\omega)=\frac{5\{(j\omega)^2-(j\omega)+1\}}{j\omega\{(j\omega)^2-3(j\omega)+8\}}=\frac{5\{(1-\omega^2)-j\omega\}}{j\omega\{(8-\omega^2)-j3\omega\}} \tag{A2.12}$$

となる。よって

$$\angle L(j\omega)=\angle 5+\angle(1-\omega^2-j\omega)-\angle j\omega-\angle(8-\omega^2-j3\omega) \tag{A2.13}$$

である。$\omega\to 0$ のときは，$\omega^2\ll\omega\ll 1$ であるから，式(A2.13)はつぎのようになる。

$$\begin{aligned} \lim_{\omega\to 0}\angle L(j\omega) &= \angle 5+\angle 1-\angle j\omega-\angle 8 \\ &= 0+0-90-0=\underline{-90\ [\mathrm{deg}]} \end{aligned} \tag{A2.14}$$

また，$\omega\to\infty$ のときは，$\omega^2\gg\omega\gg 1$ であるから，式(A2.13)はつぎのようになる。

$$\begin{aligned} \lim_{\omega\to\infty}\angle L(j\omega) &= \angle 5+\angle(-\omega^2)-\angle j\omega-\angle(-\omega^2) \\ &= 0+180-90-180=\underline{-90\ [\mathrm{deg}]} \end{aligned} \tag{A2.15}$$

(iv)

無限遠点に発散しない軌跡は，開ループ伝達関数

$$L(s)=\frac{K(s^2-s+1)}{s(s^2-3s+8)} \tag{A2.16}$$

の零点に収束する。式(A2.16) の分子多項式をゼロとおいた方程式

$$s^2-s+1=0 \tag{A2.17}$$

の解として，$\underline{\underline{\frac{1}{2}\pm j\frac{\sqrt{3}}{2}}}$ を得る。

さらに詳しく

開ループ伝達関数は

$$L(s)=\frac{K(s^2-s+1)}{s(s^2-3s+8)} \qquad \text{(A2.16 再掲)}$$

であるから，閉ループ系の特性方程式は

$$1+\frac{K(s^2-s+1)}{s(s^2-3s+8)}=0 \qquad \text{(A2.1 再掲)}$$

となる。根軌跡は，K の値をゼロから ∞ に変化させたときの閉ループ系の特性根がつくる軌跡である。式(A2.1) の分母を払うと

$$s(s^2-3s+8)+K(s^2-s+1)=0 \tag{A2.18}$$

となる。

$K=0$ のとき式(A2.18) は

$$s(s^2-3s+8)=0 \tag{A2.19}$$

となるから，根軌跡の出発点は開ループ伝達関数 (A2.16) の極であることが理解できる。また，$K=\infty$ のときは，式(A2.18) 左辺の第 1 項が無視できるので，式(A2.18) は

$$s^2-s+1=0 \qquad \text{(A2.17 再掲)}$$

と近似できる。すなわち，このときの閉ループ系の特性根は開ループ伝達関数 (A2.16) の零点であり，これが根軌跡の終点となる。零点に収束しない根軌跡は無限遠点へ発散する。

問 3　解答

(i)

可制御性行列 $U_c=[b \quad Ab]$ を求める。

$$Ab=\begin{bmatrix}0 & -1\\3 & 2\end{bmatrix}\begin{bmatrix}1\\0\end{bmatrix}=\begin{bmatrix}0\\3\end{bmatrix} \tag{A3.1}$$

であるからつぎのようになる。

$$\underline{\underline{U_c=\begin{bmatrix}1 & 0\\0 & 3\end{bmatrix}}} \tag{A3.2}$$

(ii)

$|U_c|=3$ であり，このシステムは可制御であることがわかる。つぎのように可制御性行列の逆行列を計算する。

$$U_c^{-1}=\begin{bmatrix}1 & 0\\0 & 3\end{bmatrix}^{-1}=\frac{1}{3}\begin{bmatrix}3 & 0\\0 & 1\end{bmatrix} \tag{A3.3}$$

U_c^{-1} の最後の行のベクトルは

$$e_2=\begin{bmatrix}0 & \dfrac{1}{3}\end{bmatrix} \tag{A3.4}$$

となる。この e_2 を使って座標変換行列 T^{-1} は，つぎのように求められる。

$$T^{-1}=\begin{bmatrix}e_2\\e_2A\end{bmatrix}=\begin{bmatrix}0 & \dfrac{1}{3}\\1 & \dfrac{2}{3}\end{bmatrix}=\frac{1}{3}\begin{bmatrix}0 & 1\\3 & 2\end{bmatrix} \tag{A3.5}$$

よって，行列 T はつぎのようになる。

$$T=3\begin{bmatrix}0 & 1\\3 & 2\end{bmatrix}^{-1}=3\times\frac{1}{-3}\begin{bmatrix}2 & -1\\-3 & 0\end{bmatrix}=\begin{bmatrix}-2 & 1\\3 & 0\end{bmatrix} \tag{A3.6}$$

$\widehat{A}=T^{-1}AT$，$\widehat{b}=T^{-1}b$，$\widehat{c}=cT$ を計算すると

$$\widehat{A}=T^{-1}AT=\frac{1}{3}\begin{bmatrix}0 & 1\\3 & 2\end{bmatrix}\begin{bmatrix}0 & -1\\3 & 2\end{bmatrix}\begin{bmatrix}-2 & 1\\3 & 0\end{bmatrix}=\begin{bmatrix}0 & 1\\-3 & 2\end{bmatrix} \tag{A3.7}$$

$$\widehat{b}=T^{-1}b=\frac{1}{3}\begin{bmatrix}0 & 1\\3 & 2\end{bmatrix}\begin{bmatrix}1\\0\end{bmatrix}=\begin{bmatrix}0\\1\end{bmatrix} \tag{A3.8}$$

$$\widehat{c}=cT=[2 \quad 1]\begin{bmatrix}-2 & 1\\3 & 0\end{bmatrix}=[-1 \quad 2] \tag{A3.9}$$

と求められるので，可制御正準システムはつぎのようになる。

$$\frac{dz(t)}{dt}=\begin{bmatrix}0 & 1\\ -3 & 2\end{bmatrix}z(t)+\begin{bmatrix}0\\ 1\end{bmatrix}u(t) \tag{A3.10}$$

$$y(t)=[-1 \quad 2]z(t) \tag{A3.11}$$

(iii)

まず，$A-2bc$ を計算すると

$$A-2bc=\begin{bmatrix}0 & -1\\ 3 & 2\end{bmatrix}-2\begin{bmatrix}1\\ 0\end{bmatrix}[2 \quad 1]=\begin{bmatrix}-4 & -3\\ 3 & 2\end{bmatrix} \tag{A3.12}$$

となるから，$(sI-A+2bc)^{-1}$ はつぎのようになる。

$$(sI-A+2bc)^{-1}=\begin{bmatrix}s+4 & 3\\ -3 & s-2\end{bmatrix}^{-1}=\frac{1}{(s+1)^2}\begin{bmatrix}s-2 & -3\\ 3 & s+4\end{bmatrix} \tag{A3.13}$$

逆ラプラス変換をするための準備として，式(A3.13) の対角要素を部分分数に分解する。

$$\frac{s-2}{(s+1)^2}=\frac{A}{(s+1)^2}+\frac{B}{s+1} \tag{A3.14}$$

とおいて，右辺を通分したのち，分子を係数比較することで，$A=-3$，$B=1$ と求まる。ほかの要素も同様にして，式(A3.13) はつぎのように部分分数に書き直される。

$$(sI-A+2bc)^{-1}=\begin{bmatrix}\dfrac{-3}{(s+1)^2}+\dfrac{1}{s+1} & \dfrac{-3}{(s+1)^2}\\ \dfrac{3}{(s+1)^2} & \dfrac{3}{(s+1)^2}+\dfrac{1}{s+1}\end{bmatrix} \tag{A3.15}$$

式(A3.15) を逆ラプラス変換することで $e^{(A-2bc)t}$ となる。

$$\begin{aligned}e^{(A-2bc)t}&=\mathcal{L}^{-1}[(sI-A+2bc)^{-1}]\\ &=\mathcal{L}^{-1}\begin{bmatrix}\dfrac{-3}{(s+1)^2}+\dfrac{1}{s+1} & \dfrac{-3}{(s+1)^2}\\ \dfrac{3}{(s+1)^2} & \dfrac{3}{(s+1)^2}+\dfrac{1}{s+1}\end{bmatrix}\\ &=\begin{bmatrix}-3te^{-t}+e^{-t} & -3te^{-t}\\ 3te^{-t} & 3te^{-t}+e^{-t}\end{bmatrix}=e^{-t}\begin{bmatrix}-3t+1 & -3t\\ 3t & 3t+1\end{bmatrix}\end{aligned} \tag{A3.16}$$

(iv)

入力は

$$u(t) = -2cx(t) + te^{-t} \tag{A3.17}$$

であるから，この入力を施したときの動特性は

$$\begin{aligned}\frac{dx(t)}{dt} &= Ax(t) + b\{-2cx(t) + te^{-t}\} \\ &= (A-2bc)x(t) + bte^{-t} \end{aligned} \tag{A3.18}$$

で表される。式(A3.18) の解は

$$x(t) = e^{(A-2bc)t}x(0) + \int_0^t e^{(A-2bc)(t-\tau)} b\tau e^{-\tau} d\tau \tag{A3.19}$$

で与えられる。式(A3.19) に題意の $x(0)=0$ と式(A3.16) を代入するとつぎのようになる。

$$\begin{aligned} x(t) &= \int_0^t e^{-(t-\tau)} \begin{bmatrix} -3(t-\tau)+1 & -3(t-\tau) \\ 3(t-\tau) & 3(t-\tau)+1 \end{bmatrix} \begin{bmatrix} 1 \\ 0 \end{bmatrix} \tau e^{-\tau} d\tau \\ &= \int_0^t e^{-(t-\tau)} \begin{bmatrix} -3(t-\tau)+1 \\ 3(t-\tau) \end{bmatrix} \tau e^{-\tau} d\tau = \int_0^t e^{-t} \begin{bmatrix} -3(t-\tau)\tau + \tau \\ 3(t-\tau)\tau \end{bmatrix} d\tau \\ &= e^{-t} \int_0^t \begin{bmatrix} (1-3t)\tau + 3\tau^2 \\ 3t\tau - 3\tau^2 \end{bmatrix} d\tau \end{aligned} \tag{A3.20}$$

以下において，式(A3.20) の積分計算を要素ごとに行う。

$$\begin{aligned} \int_0^t \{(1-3t)\tau + 3\tau^2\} d\tau &= \left[\frac{1}{2}(1-3t)\tau^2 + \tau^3 \right]_0^t \\ &= \frac{1}{2}(1-3t)t^2 + t^3 = \frac{1}{2}t^2 - \frac{1}{2}t^3 \end{aligned} \tag{A3.21}$$

$$\int_0^t (3t\tau - 3\tau^2) d\tau = \left[\frac{3}{2}t\tau^2 - \tau^3 \right]_0^t = \frac{3}{2}t^3 - t^3 = \frac{1}{2}t^3 \tag{A3.22}$$

したがって

$$x(t) = \frac{1}{2}e^{-t} \begin{bmatrix} t^2 - t^3 \\ t^3 \end{bmatrix} \tag{A3.23}$$

となる。よって，出力 $y(t)$ は

$$y(t)=\frac{1}{2}e^{-t}[2\quad 1]\begin{bmatrix}t^2-t^3\\ t^3\end{bmatrix}$$

$$=\frac{1}{2}e^{-t}(2t^2-2t^3+t^3)=\underline{\underline{\frac{1}{2}e^{-t}(2t^2-t^3)}} \tag{A3.24}$$

となる。

（**v**）

入力

$$u(t)=-k[2\quad 1]x(t) \tag{A3.25}$$

を施すときのフィードバックシステムは

$$\frac{dx(t)}{dt}=\begin{bmatrix}0 & -1\\ 3 & 2\end{bmatrix}x(t)-\begin{bmatrix}1\\ 0\end{bmatrix}k[2\quad 1]x(t)$$

$$=\begin{bmatrix}-2k & -1-k\\ 3 & 2\end{bmatrix}x(t) \tag{A3.26}$$

と表される。このシステムの特性多項式は

$$|sI-A+bkc|=\begin{vmatrix}s+2k & 1+k\\ -3 & s-2\end{vmatrix}=s^2+(2k-2)s+(3-k) \tag{A3.27}$$

となるので，特性方程式はつぎのようになる。

$$s^2+(2k-2)s+(3-k)=0 \tag{A3.28}$$

システムの極の実部を $-\frac{1}{2}$ 未満にするには，特性方程式 (A3.28) に変数変換

$$s=w-\frac{1}{2} \tag{A3.29}$$

を施してからラウス・フルビッツの安定判別法を適用すればよい。式(A3.28) は

$$\left(w-\frac{1}{2}\right)^2+(2k-2)\left(w-\frac{1}{2}\right)+(3-k)=0$$

$$\therefore\quad w^2+(2k-3)w+\frac{17}{4}-2k=0 \tag{A3.30}$$

となる。式(A3.30) に対するラウス表はつぎのようになる。

s^2 行	1	$\frac{17}{4}-2k$
s^1 行	$2k-3$	0
s^0 行	$\frac{17}{4}-2k$	

ラウス表の第 1 列のすべての要素を正とする条件から

$$2k-3>0 \tag{A3.31}$$

$$\frac{17}{4}-2k>0 \tag{A3.32}$$

となり，これらを解いて

$$\frac{3}{2}<k<\frac{17}{8} \tag{A3.33}$$

を得る。式(A3.33) が，このフィードバックシステムの極の実部が $-\frac{1}{2}$ 未満となるための必要十分条件である。

さらに詳しく

$k=2$ の場合で確認しよう。入力は

$$u(t)=-2cx(t)=-[4 \quad 2]x(t) \tag{A3.34}$$

となる。これをシステムに施すとつぎのようになる。

$$\begin{aligned}\frac{dx(t)}{dt}&=\begin{bmatrix}0 & -1\\ 3 & 2\end{bmatrix}x(t)-\begin{bmatrix}1\\ 0\end{bmatrix}[4 \quad 2]x(t)\\ &=\begin{bmatrix}0 & -1\\ 3 & 2\end{bmatrix}x(t)-\begin{bmatrix}4 & 2\\ 0 & 0\end{bmatrix}x(t)=\begin{bmatrix}-4 & -3\\ 3 & 2\end{bmatrix}x(t)\end{aligned} \tag{A3.35}$$

式(A3.35) の極は

$$\begin{vmatrix}s+4 & 3\\ -3 & s-2\end{vmatrix}=(s+4)(s-2)+9=(s+1)^2=0 \tag{A3.36}$$

から，-1, -1 と求められ，確かに極の実部は $-\frac{1}{2}$ 未満となっている。

大阪大学大学院 工学研究科 博士前期課程

電気電子情報通信工学専攻 電気工学コース

平成30年度入試 （平成29年8月実施問題　抜粋）

試験問題　（制御工学）

1. 伝達関数 $G(s)$ が次式で表される1次系について，以下の問いに答えよ．

$$G(s)=\frac{1}{2s+6}$$

（i）　ステップ応答の定常値を求めよ．

（ii）　$G(s)$ のボード線図におけるゲイン曲線を折れ線近似したときの折点角周波数の値を求めよ．

（iii）　正弦波関数 $\sin 3t$ で表される入力に対し，定常状態での出力は $Y\sin\left(3t-\dfrac{\pi}{4}\right)$ と表される正弦波関数となった．Y の値を求めよ．

2. **図1**のフィードバックシステムについて，以下の問いに答えよ．ただし，K は実数値をとるゲインである．

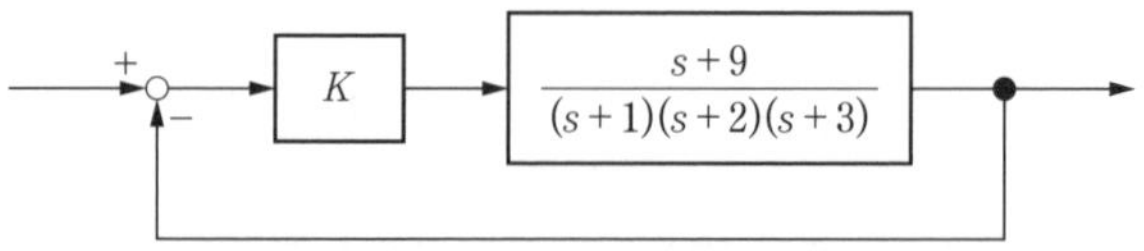

図1

（i） K を $0 \to \infty$ と変化させたとき，虚軸と交わる根軌跡が存在する．根軌跡が虚軸と交わるときの K の値を求めよ．

（ii） 問 2.（i）において，根軌跡が虚軸と交わる点の座標をすべて求めよ．

3. 次式の状態方程式と出力方程式で与えられる線形時不変システムについて，以下の問いに答えよ．

$$\frac{d\boldsymbol{x}(t)}{dt} = \begin{bmatrix} a & 2 \\ -4 & 2 \end{bmatrix} \boldsymbol{x}(t) + \begin{bmatrix} 1 \\ 1 \end{bmatrix} u(t)$$

$$y(t) = [1 \quad 0] \boldsymbol{x}(t)$$

ただし，a は実数値をとるパラメータであり，$\boldsymbol{x}(t) = \begin{bmatrix} x_1(t) \\ x_2(t) \end{bmatrix}$ は状態変数ベクトル，$u(t)$ は入力変数，$y(t)$ は出力変数とする．

（i） このシステムが可制御となるための a に関する必要十分条件を求めよ．

（ii） このシステムが任意の a の値に対して可観測となることを示せ．

（iii） $a = -1$ とする．K を正の実数値をとるゲインとし，入力 $u(t) = -Kx_2(t)$ を与えたとき，このシステムが漸近安定となるための K に関する必要十分条件を求めよ．

4. 2 階常微分方程式

$$\frac{1}{2} \frac{d^2y(t)}{dt^2} + \frac{dy(t)}{dt} + 2y(t) = u(t)$$

で与えられる線形時不変システムについて，以下の問いに答えよ．ただし，$u(t)$ は入力変数，$y(t)$ は出力変数とする．

（i） $x_1(t) = \dfrac{1}{2} y(t)$ と $x_2(t) = \dfrac{1}{2\sqrt{3}} \left(y(t) + \dfrac{dy(t)}{dt} \right)$ を状態変数としたとき，このシステムを表す状態空間表現

$$\frac{d\boldsymbol{x}(t)}{dt}=\boldsymbol{A}\boldsymbol{x}(t)+\boldsymbol{b}u(t)$$

$$y(t)=\boldsymbol{c}\boldsymbol{x}(t)$$

の係数行列 $\boldsymbol{A}$ と係数ベクトル $\boldsymbol{b}$，$\boldsymbol{c}$ を求めよ．ただし，$\boldsymbol{x}(t)=\begin{bmatrix} x_1(t) \\ x_2(t) \end{bmatrix}$ とする．

（ii） $y(t)$ を零入力応答とすると，$y(0)=1$ かつ $y\left(\frac{\sqrt{3}\pi}{4}\right)=0$ となった．初期値 $x_1(0)$ と $x_2(0)$ を求めよ．ここで，つぎの結果を用いてもよい．

$$\exp\left(\begin{bmatrix} -\lambda & \omega \\ -\omega & -\lambda \end{bmatrix} t\right)=\exp(-\lambda t)\begin{bmatrix} \cos\omega t & \sin\omega t \\ -\sin\omega t & \cos\omega t \end{bmatrix}$$

ただし，λ と ω は正の実数とする．

専門用語の英訳

伝達関数	transfer function
1 次系	first order system
ステップ応答	step response
定常値	steady–state value
ボード線図	Bode diagram
ゲイン曲線	log–magnitude curve
折れ線近似	piecewise linear approximation
折点角周波数	corner angular frequency
正弦波関数	sinusoidal function
定常状態	steady state
フィードバックシステム	feedback system
虚軸	imaginary axis
根軌跡	root locus
線形時不変システム	linear time–invariant system
状態方程式	state equation
出力方程式	output equation
状態変数ベクトル	state variable vector

入力変数	input variable
出力変数	output variable
可制御	controllable
可観測	observable
漸近安定	asymptotically stable
状態空間表現	state–space description
零入力応答	zero–input response

問 1　解答

(i)

出力を $Y(s)$ とすると，その定常値 y_s はラプラス変換の最終値の定理を用いてつぎのように計算することができる。

$$y_s = \lim_{s \to 0} sY(s)$$

$$= \lim_{s \to 0} s \cdot \frac{1}{2s+6} \cdot \frac{1}{s} = \frac{1}{6} \tag{A1.1}$$

上記は単位ステップ応答の定常値であって，ステップの大きさが R の場合は，そのラプラス変換は R/s となるので，結果は $y_s = R/6$ である。

(ii)

一次遅れ要素の伝達関数が

$$G(s) = \frac{K}{1+Ts} \tag{A1.2}$$

で与えられるとき，そのボード線図の折点角周波数は $1/T$ である。与えられた伝達関数を

$$G(s) = \frac{1}{2s+6} = \frac{\frac{1}{6}}{1+\frac{1}{3}s} \tag{A1.3}$$

と変形することで，折点角周波数をつぎのように求めることができる。

$$\omega = 3 \text{〔rad/s〕} \tag{A1.4}$$

(iii)

入力信号 $\sin \omega t$ に対する出力信号は $|G(j\omega)| \sin(\omega t+\theta)$，$\theta = \angle G(j\omega)$ となる。よって，出力信号の振幅 Y は

$$Y=|G(j\omega)| \tag{A1.5}$$

で求めることができる。

与えられている周波数伝達関数は

$$G(j\omega)=\frac{1}{2(j\omega)+6}=\frac{1}{6+j2\omega} \tag{A1.6}$$

であるから，この式に題意の $\omega=3$〔rad/s〕を代入して絶対値を計算すると

$$|G(j3)|=\left|\frac{1}{6+j2\times 3}\right|=\frac{1}{\sqrt{36+36}}=\frac{1}{6\sqrt{2}} \tag{A1.7}$$

となる。したがって

$$Y=\frac{1}{6\sqrt{2}}=\frac{\sqrt{2}}{12} \tag{A1.8}$$

と求められる。

さらに詳しく

題意から，出力信号は入力信号に比べて $\pi/4$ 遅れた。一次遅れ要素において $\pi/4$ 遅れる角周波数は折点角周波数のときである。したがって，(ⅱ) から，入力信号の角周波数は $\omega=3$〔rad/s〕であることがわかる。

この問題では，$\omega=3$〔rad/s〕をあらかじめ与え，入力信号を $\sin 3t$ としている。この場合は，出力信号は入力信号に比べて $\pi/4$ 遅れるという情報は必要ない。

問2　解答

(ⅰ)

閉ループ系の特性方程式は

$$1+\frac{K(s+9)}{(s+1)(s+2)(s+3)}=0 \tag{A2.1}$$

であるから，分母を払って整理すると

$$s^3+6s^2+(11+K)s+(6+9K)=0 \tag{A2.2}$$

となる。根軌跡を作成するとき，虚軸との交点は，ラウス・フルビッツの安定判別法から求めることができる。特性方程式 (A2.2) についてラウス表を作成するとつぎのようになる。

s^3 行	1	$11+K$	0
s^2 行	6	$6+9K$	
s^1 行	$\dfrac{20-K}{2}$	0	
s^0 行	$6+9K$		

ラウス表の第 1 列のすべての要素が正となることが，このシステムが安定であるための必要十分条件である。これより

$$-\frac{2}{3}<K<20 \tag{A2.3}$$

と求められる。

題意から $K\geq 0$ であるので，安定限界 $K=20$ のときに虚軸と交差する。

(ii)

虚軸との交点はラウス表の s^2 行の要素からつくられる補助方程式

$$6s^2+(6+9\times 20)=0$$

$$\therefore\quad s^2+31=0 \tag{A2.4}$$

から求めることができる。式(A2.4) を解いて

$$s=\pm j\sqrt{31} \tag{A2.5}$$

なので，交点は，$0\pm j\sqrt{31}$ である。

さらに詳しく

根軌跡を描いてみよう。一巡伝達関数は

$$L(s)=\frac{K(s+9)}{(s+1)(s+2)(s+3)} \tag{A2.6}$$

である。まず，次数差，極，零点をまとめる。

次数差：$n-m=3-1=2$

極　　：$p_1=-1,\quad p_2=-2,\quad p_3=-3$

零点　：$z_1=-9$

3 個の特性根は，$K=0$ で 3 個の極をそれぞれ出発し，$K=\infty$ で 1 個は零点に収束し，残りの 2 個は無限遠に発散する。

実軸上には極と零点を合わせて4個存在している。「実軸上の軌跡は，その区間の右実軸上に奇数個の極，零点を数える部分である」から，p_1, p_2 で区切られる区間と，p_3, z_1 で区切られる区間は，根軌跡の一部である。

漸近線の角度 θ と重心 σ_c を求めるとつぎのようになる。

$$\theta=\frac{N\pi}{2},\quad N=\pm 1, \pm 3, \cdots \tag{A2.7}$$

$$\sigma_c=\frac{1}{2}\{(-1)+(-2)+(-3)-(-9)\}=1.5 \tag{A2.8}$$

ここまでの情報をまとめると**図 A.1** のようになる。

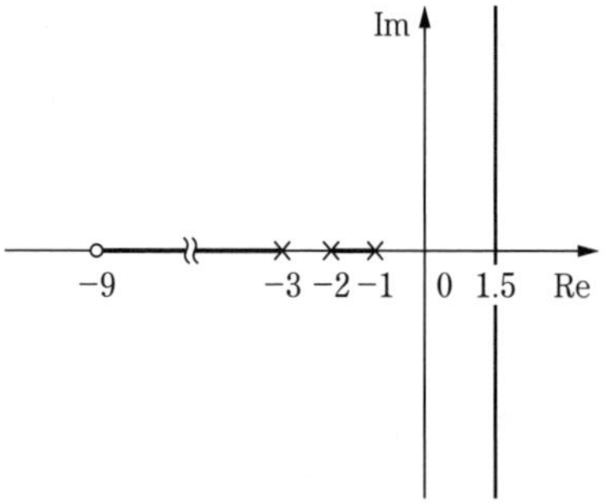

図 A.1

図 A.1 から，つぎのことがいえる。$K=0$ で -3 を出発した特性根は，実軸を離れることなく実軸負の方向に移動して $K=\infty$ で -9 に収束する。$K=0$ で -1 と -2 を出発した 2 個の特性根は，実軸上を移動して -1 と -2 の間で重根となり分岐する。その後，共役複素根となって虚軸を横切り，実部が 1.5 の虚軸と平行な漸近線に漸近しながら $K=\infty$ で無限遠に発散する。そのときの虚軸との交点は，$0\pm j\sqrt{31}$ である。

根軌跡の作図を完成させるには，ほかに分岐点の計算等が必要である。ここでは紙面の都合上それらの作業を割愛し，ここまでとする。

問 3 解答

(i)

可制御性行列 $U_c=[b \quad Ab]$ を使って判定しよう。

$$Ab=\begin{bmatrix} a & 2 \\ -4 & 2 \end{bmatrix}\begin{bmatrix} 1 \\ 1 \end{bmatrix}=\begin{bmatrix} a+2 \\ -2 \end{bmatrix} \tag{A3.1}$$

であるから

$$U_c=\begin{bmatrix} 1 & a+2 \\ 1 & -2 \end{bmatrix} \tag{A3.2}$$

となる。式(A3.2) の行列式は

$$|U_c|=\begin{vmatrix} 1 & a+2 \\ 1 & -2 \end{vmatrix}=-2-(a+2)=-4-a \tag{A3.3}$$

となるから，$a\neq -4$ であることがこのシステムが可制御となる必要十分条件である。

(ii)

可観測性行列 $U_o=\begin{bmatrix} c \\ cA \end{bmatrix}$ を求める。

$$cA=[1 \quad 0]\begin{bmatrix} a & 2 \\ -4 & 2 \end{bmatrix}=[a \quad 2] \tag{A3.4}$$

であるから

$$U_o=\begin{bmatrix} 1 & 0 \\ a & 2 \end{bmatrix} \tag{A3.5}$$

と求められる。式(A3.5) の行列式は

$$|U_o|=2\neq 0 \tag{A3.6}$$

であって，パラメータ a の値に関係なく可観測性行列 U_o は正則となる。したがって，このシステムは，任意の a の値に対して可観測となる。

(iii)

入力 $u(t)=-Kx_2(t)$ は，状態ベクトル $x(t)=\begin{bmatrix} x_1(t) \\ x_2(t) \end{bmatrix}$ を用いて

$$u(t)=-\begin{bmatrix} 0 & K \end{bmatrix}\begin{bmatrix} x_1(t) \\ x_2(t) \end{bmatrix}=-\begin{bmatrix} 0 & K \end{bmatrix}x(t) \tag{A3.7}$$

と書くことができる。式(A3.7) の状態フィードバック制御をこのシステムに施すと，閉ループ系は

$$\frac{dx(t)}{dt}=\begin{bmatrix} -1 & 2 \\ -4 & 2 \end{bmatrix}x(t)-\begin{bmatrix} 1 \\ 1 \end{bmatrix}\begin{bmatrix} 0 & K \end{bmatrix}x(t)=\begin{bmatrix} -1 & 2-K \\ -4 & 2-K \end{bmatrix}x(t) \tag{A3.8}$$

となる。

式(A3.8) の特性多項式を求めよう。

$$\begin{aligned}\left|\begin{bmatrix} s & 0 \\ 0 & s \end{bmatrix}-\begin{bmatrix} -1 & 2-K \\ -4 & 2-K \end{bmatrix}\right| &= \begin{vmatrix} s+1 & -2+K \\ 4 & s-2+K \end{vmatrix} \\ &= s^2+(K-1)s+6-3K \end{aligned} \tag{A3.9}$$

となるので，閉ループ系の特性方程式は

$$s^2+(K-1)s+6-3K=0 \tag{A3.10}$$

である。この特性方程式にラウス・フルビッツの安定判別法を適用する。ラウス表はつぎのようになる。

s^2 行	1	$6-3K$
s^1 行	$K-1$	0
s^0 行	$6-3K$	

ラウス表の第 1 列のすべての要素が正であることが，このシステムが安定であるための必要十分条件であることから，次式が成立しなくてはならない。

$$K-1>0 \tag{A3.11}$$

$$6-3K>0 \tag{A3.12}$$

したがって

$$\underline{1<K<2} \tag{A3.13}$$

と求められる。

問 4　解答

（ i ）

2 階常微分方程式

$$\frac{1}{2}\cdot\frac{d^2y(t)}{dt^2}+\frac{dy(t)}{dt}+2y(t)=u(t) \qquad \text{(A4.1)}$$

に対して

$$x_1(t)=\frac{1}{2}\,y(t) \qquad \text{(A4.2)}$$

$$x_2(t)=\frac{1}{2\sqrt{3}}\left\{y(t)+\frac{dy(t)}{dt}\right\} \qquad \text{(A4.3)}$$

を導入して，$x_1(t)$ と $x_2(t)$ を状態変数とする 1 階の連立微分方程式に変換しよう。

まず，つぎのように式(A4.2) と式(A4.3) を時間微分する。

$$\frac{dx_1(t)}{dt}=\frac{1}{2}\cdot\frac{dy(t)}{dt} \qquad \text{(A4.4)}$$

$$\frac{dx_2(t)}{dt}=\frac{1}{2\sqrt{3}}\left\{\frac{dy(t)}{dt}+\frac{d^2y(t)}{dt^2}\right\} \qquad \text{(A4.5)}$$

式(A4.5) を

$$\frac{d^2y(t)}{dt^2}=2\sqrt{3}\,\frac{dx_2(t)}{dt}-\frac{dy(t)}{dt} \qquad \text{(A4.6)}$$

と書き直して，式(A4.1) に代入すると

$$\frac{1}{2}\left\{2\sqrt{3}\,\frac{dx_2(t)}{dt}-\frac{dy(t)}{dt}\right\}+\frac{dy(t)}{dt}+2y(t)=u(t)$$

$$\therefore\quad \sqrt{3}\,\frac{dx_2(t)}{dt}+\frac{1}{2}\cdot\frac{dy(t)}{dt}+2y(t)=u(t) \qquad \text{(A4.7)}$$

となる。式(A4.3) を

$$\frac{dy(t)}{dt}=2\sqrt{3}x_2(t)-y(t) \qquad \text{(A4.8)}$$

と書き直して，式(A4.7) に代入すると

$$\sqrt{3}\,\frac{dx_2(t)}{dt}+\frac{1}{2}\{2\sqrt{3}\,x_2(t)-y(t)\}+2y(t)=u(t)$$

$$\therefore \quad \sqrt{3}\,\frac{dx_2(t)}{dt} + \sqrt{3}\,x_2(t) + \frac{3}{2}\,y(t) = u(t) \tag{A4.9}$$

となる。式(A4.9) の $y(t)$ に式(A4.2) を代入するとつぎのようになる。

$$\sqrt{3}\,\frac{dx_2(t)}{dt} + \sqrt{3}\,x_2(t) + 3x_1(t) = u(t) \tag{A4.10}$$

また，つぎのように式(A4.8) の $\dfrac{dy(t)}{dt}$ に式(A4.4) を，$y(t)$ に式(A4.2) を代入する。

$$2\frac{dx_1(t)}{dt} = 2\sqrt{3}\,x_2(t) - 2x_1(t) \tag{A4.11}$$

以上の操作により 2 階常微分方程式 (A4.1) を，$x_1(t)$ と $x_2(t)$ を状態変数とする 1 階の連立微分方程式 (A4.10)，(A4.11) に変換することができた。式(A4.11) と式(A4.10) および式(A4.2) はつぎのように書くことができる。

$$\frac{dx_1(t)}{dt} = \sqrt{3}\,x_2(t) - x_1(t) \tag{A4.12}$$

$$\frac{dx_2(t)}{dt} = -x_2(t) - \sqrt{3}\,x_1(t) + \frac{1}{\sqrt{3}}u(t) \tag{A4.13}$$

$$y(t) = 2x_1(t) \tag{A4.14}$$

式(A4.12)～式(A4.14) をまとめて

$$\frac{d}{dt}\begin{bmatrix} x_1(t) \\ x_2(t) \end{bmatrix} = \begin{bmatrix} -1 & \sqrt{3} \\ -\sqrt{3} & -1 \end{bmatrix}\begin{bmatrix} x_1(t) \\ x_2(t) \end{bmatrix} + \begin{bmatrix} 0 \\ \dfrac{1}{\sqrt{3}} \end{bmatrix}u(t) \tag{A4.15}$$

$$y(t) = [2 \quad 0]\begin{bmatrix} x_1(t) \\ x_2(t) \end{bmatrix} \tag{A4.16}$$

となる。

したがって

$$A = \begin{bmatrix} -1 & \sqrt{3} \\ -\sqrt{3} & -1 \end{bmatrix}, \quad b = \begin{bmatrix} 0 \\ \dfrac{1}{\sqrt{3}} \end{bmatrix}, \quad c = [2 \quad 0] \tag{A4.17}$$

である。

(ii)

零入力応答であるから，$u(t) \equiv 0$ とおいて，動特性は

$$\frac{d}{dt}\begin{bmatrix}x_1(t)\\x_2(t)\end{bmatrix}=\begin{bmatrix}-1 & \sqrt{3}\\-\sqrt{3} & -1\end{bmatrix}\begin{bmatrix}x_1(t)\\x_2(t)\end{bmatrix} \tag{A4.18}$$

$$y(t)=\begin{bmatrix}2 & 0\end{bmatrix}\begin{bmatrix}x_1(t)\\x_2(t)\end{bmatrix} \tag{A4.16 再掲}$$

と記述することができる。微分方程式 (A4.18) の解 $\begin{bmatrix}x_1(t)\\x_2(t)\end{bmatrix}$ は

$$A=\begin{bmatrix}-1 & \sqrt{3}\\-\sqrt{3} & -1\end{bmatrix} \tag{A4.19}$$

とおくと，ヒントを使って

$$\begin{bmatrix}x_1(t)\\x_2(t)\end{bmatrix}=e^{At}\begin{bmatrix}x_1(0)\\x_2(0)\end{bmatrix}=e^{-t}\begin{bmatrix}\cos\sqrt{3}t & \sin\sqrt{3}t\\-\sin\sqrt{3}t & \cos\sqrt{3}t\end{bmatrix}\begin{bmatrix}x_1(0)\\x_2(0)\end{bmatrix} \tag{A4.20}$$

となる。したがって，出力は

$$\begin{aligned}y(t)&=\begin{bmatrix}2 & 0\end{bmatrix}e^{-t}\begin{bmatrix}\cos\sqrt{3}t & \sin\sqrt{3}t\\-\sin\sqrt{3}t & \cos\sqrt{3}t\end{bmatrix}\begin{bmatrix}x_1(0)\\x_2(0)\end{bmatrix}\\&=2e^{-t}\begin{bmatrix}\cos\sqrt{3}t & \sin\sqrt{3}t\end{bmatrix}\begin{bmatrix}x_1(0)\\x_2(0)\end{bmatrix}\\&=2e^{-t}\{\cos\sqrt{3}t\cdot x_1(0)+\sin\sqrt{3}t\cdot x_2(0)\}\end{aligned} \tag{A4.21}$$

と書くことができる。

以下において，題意の $y(0)=1$ かつ $y\left(\frac{\sqrt{3}\pi}{4}\right)=0$ を使って，初期値 $x_1(0)$ と $x_2(0)$ を求めよう。

式(A4.21) に $t=0$ と $t=\frac{\sqrt{3}\pi}{4}$ を代入すると

$$y(0)=2e^0\{\cos 0\cdot x_1(0)+\sin 0\cdot x_2(0)\}=2x_1(0) \tag{A4.22}$$

$$\begin{aligned}y\left(\frac{\sqrt{3}\pi}{4}\right)&=2e^{-\frac{\sqrt{3}\pi}{4}}\left\{\cos\frac{3\pi}{4}\cdot x_1(0)+\sin\frac{3\pi}{4}\cdot x_2(0)\right\}\\&=2e^{-\frac{\sqrt{3}\pi}{4}}\left\{-\frac{1}{\sqrt{2}}\cdot x_1(0)+\frac{1}{\sqrt{2}}\cdot x_2(0)\right\}\end{aligned} \tag{A4.23}$$

となるので

$$2x_1(0)=1 \tag{A4.24}$$

$$2e^{-\frac{\sqrt{3}\pi}{4}}\left\{-\frac{1}{\sqrt{2}}x_1(0)+\frac{1}{\sqrt{2}}x_2(0)\right\}=0 \tag{A4.25}$$

から次式を得る。

$$x_1(0)=x_2(0)=\frac{1}{2} \tag{A4.26}$$

さらに詳しく

この問題では，ヒントとして

$$\exp\left\{\begin{bmatrix}-\lambda & \omega \\ -\omega & -\lambda\end{bmatrix}t\right\}=\exp(-\lambda t)\begin{bmatrix}\cos\omega t & \sin\omega t \\ -\sin\omega t & \cos\omega t\end{bmatrix} \tag{A4.27}$$

が与えられている。式(A4.27) を導出しよう。いま

$$A=\begin{bmatrix}-\lambda & \omega \\ -\omega & -\lambda\end{bmatrix} \tag{A4.28}$$

とおくとき，状態遷移行列 e^{At} は次式で計算することができる。

$$e^{At}=\mathcal{L}^{-1}[(sI-A)^{-1}] \tag{A4.29}$$

$(sI-A)^{-1}$ はつぎのようになる。

$$(sI-A)^{-1}=\begin{bmatrix}s+\lambda & -\omega \\ \omega & s+\lambda\end{bmatrix}^{-1}=\frac{1}{(s+\lambda)^2+\omega^2}\begin{bmatrix}s+\lambda & \omega \\ -\omega & s+\lambda\end{bmatrix} \tag{A4.30}$$

推移定理

$$\mathcal{L}^{-1}\left[\frac{s+a}{(s+a)^2+\omega^2}\right]=e^{-at}\cos\omega t \tag{A4.31}$$

$$\mathcal{L}^{-1}\left[\frac{\omega}{(s+a)^2+\omega^2}\right]=e^{-at}\sin\omega t \tag{A4.32}$$

を使って式(A4.30) を逆ラプラス変換すると

$$\begin{aligned}\mathcal{L}^{-1}[(sI-A)^{-1}]&=\mathcal{L}^{-1}\left[\frac{1}{(s+\lambda)^2+\omega^2}\begin{bmatrix}s+\lambda & \omega \\ -\omega & s+\lambda\end{bmatrix}\right]\\ &=\begin{bmatrix}e^{-\lambda t}\cos\omega t & e^{-\lambda t}\sin\omega t \\ -e^{-\lambda t}\sin\omega t & e^{-\lambda t}\cos\omega t\end{bmatrix}\end{aligned} \tag{A4.33}$$

となり，これにより，式(A4.27) を導出できた。

大阪大学大学院 工学研究科 博士前期課程

電気電子情報通信工学専攻 電気工学コース

平成 29 年度入試 （平成 28 年 8 月実施問題　抜粋）

試験問題 （制御工学）

1. 伝達関数 $G(s)$ が次式で表される線形時不変システムについて，以下の問いに答えよ．ただし，a は実数値をとるパラメータである．

$$G(s)=\frac{s+3}{s^3+5s^2+8s+a+1}$$

（i） $a=3$ としたときのステップ応答を時間 t の関数として表せ．

（ii） この線形時不変システムが安定となるための a に関する必要十分条件を求めよ．

2. **図 1** のフィードバックシステムについて，以下の問いに答えよ．ただし，ゲイン K は正の実数値である．

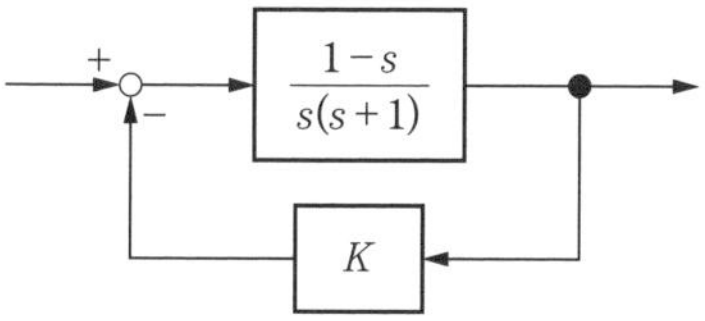

図 1

（i） フィードバックシステムのゲイン余裕が 10 dB となる K の値を求めよ．

（ii） フィードバックシステムの位相余裕が 30° となる K の値を求めよ．

3. 以下の状態方程式と出力方程式で与えられる線形時不変システム Σ_1 を考える．

$$\frac{d\boldsymbol{x}(t)}{dt} = \boldsymbol{A}\boldsymbol{x}(t) + \boldsymbol{b}u(t) + \boldsymbol{v}(t)$$

$$y(t) = \boldsymbol{c}\boldsymbol{x}(t)$$

ただし，$\boldsymbol{x}(t) = \begin{bmatrix} x_1(t) \\ x_2(t) \end{bmatrix}$ は状態変数ベクトル，$u(t)$ は入力変数，$y(t)$ は出力変数，$\boldsymbol{v}(t) = \begin{bmatrix} v_1(t) \\ v_2(t) \end{bmatrix}$ は外乱ベクトルとする．また，$\boldsymbol{A}, \boldsymbol{b}, \boldsymbol{c}$ はそれぞれ次のように与えられている．

$$\boldsymbol{A} = \begin{bmatrix} 0 & 1 \\ 0 & -2 \end{bmatrix}, \quad \boldsymbol{b} = \begin{bmatrix} 0 \\ 1 \end{bmatrix}, \quad \boldsymbol{c} = \begin{bmatrix} 1 & 0 \end{bmatrix}$$

（i） $u(t)$ と $y(t)$ のラプラス変換をそれぞれ $U(s), Y(s)$ とする．外乱がない場合，すなわち，$\boldsymbol{v}(t) \equiv \begin{bmatrix} 0 \\ 0 \end{bmatrix}$ となる場合の $U(s)$ から $Y(s)$ への伝達関数を求めよ．

（ii） $r(t)$ を出力 $y(t)$ に対する目標値とする．システム Σ_1 において，$u(t)$ を次式で与えた．

$$u(t) = -\boldsymbol{f}\boldsymbol{x}(t) + kz(t)$$

ただし，$z(t)$ は次を満たす変数である．

$$\frac{dz(t)}{dt} = r(t) - y(t)$$

また，$\boldsymbol{f} = [f_1 \quad f_2]$ であり，f_1, f_2, k は定数である．このとき，$z(t)$ を状態変数として含む次の拡大システム Σ_2 を考える．

$$\frac{d}{dt}\begin{bmatrix} \boldsymbol{x}(t) \\ z(t) \end{bmatrix} = \widehat{\boldsymbol{A}}\begin{bmatrix} \boldsymbol{x}(t) \\ z(t) \end{bmatrix} + \begin{bmatrix} \boldsymbol{v}(t) \\ r(t) \end{bmatrix}, \quad \widehat{\boldsymbol{A}} = \begin{bmatrix} \boldsymbol{A} - \boldsymbol{b}\boldsymbol{f} & k\boldsymbol{b} \\ -\boldsymbol{c} & 0 \end{bmatrix}$$

行列 $\widehat{\boldsymbol{A}}$ の固有値が -1, $-1+j$, $-1-j$ となるように，f_1, f_2, k を定めよ．ただし，j は虚数単位である．

（iii）　問 3.（ii）で求めた f_1, f_2, k の値を持つ拡大システム Σ_2 に，ステップ状の目標値 $r(t)=r_0$（$t\geq 0$）を印加した．また，ステップ状の外乱ベクトル $\boldsymbol{v}(t)=\begin{bmatrix} v_{10} \\ v_{20} \end{bmatrix}$（$t\geq 0$）が与えられているものとする．変数 $z(t)$ の定常値 $z(\infty)=\lim_{t\to\infty} z(t)$ を r_0, v_{10}, v_{20} を用いて表せ．

専門用語の英訳

伝達関数	transfer function
線形時不変システム	linear time–invariant system
ステップ応答	step response
安定	stable
ゲイン余裕	gain margin
位相余裕	phase margin
状態方程式	state equation
出力方程式	output equation
状態変数ベクトル	state variable vector
入力変数	input variable
出力変数	output variable
外乱ベクトル	disturbance vector
ラプラス変換	Laplace transform
目標値	reference
虚数単位	imaginary unit
定常値	steady state value

問 1　解答

（i）

出力を $Y(s)$ とおくと $a=3$ としたときの単位ステップ応答は

$$Y(s)=G(s)\cdot\frac{1}{s}=\frac{s+3}{s^3+5s^2+8s+4}\cdot\frac{1}{s} \tag{A1.1}$$

で表される。式(A1.1) の分母を因数分解して

$$Y(s)=\frac{s+3}{s(s+1)(s+2)^2} \tag{A1.2}$$

となる。式(A1.2) をつぎの形の部分分数に分解する。

$$Y(s)=\frac{A}{s}+\frac{B}{s+1}+\frac{C}{(s+2)^2}+\frac{D}{s+2} \tag{A1.3}$$

式(A1.3) の係数 A, B, C, D は，ヘビサイドの展開定理を用いてつぎのように計算することができる。

$$A=\left.\frac{s+3}{(s+1)(s+2)^2}\right|_{s=0}=\frac{3}{2^2}=\frac{3}{4} \tag{A1.4}$$

$$B=\left.\frac{s+3}{s(s+2)^2}\right|_{s=-1}=\frac{2}{(-1)\times 1^2}=-2 \tag{A1.5}$$

$$C=\left.\frac{s+3}{s(s+1)}\right|_{s=-2}=\frac{1}{(-2)(-1)}=\frac{1}{2} \tag{A1.6}$$

$$\begin{aligned} D&=\left.\frac{d}{ds}\left\{\frac{s+3}{s^2+s}\right\}\right|_{s=-2}\\ &=\left.\frac{1\times(s^2+s)-(s+3)(2s+1)}{(s^2+s)^2}\right|_{s=-2}\\ &=\frac{(4-2)-(1)(-4+1)}{(4-2)^2}=\frac{5}{4} \end{aligned} \tag{A1.7}$$

したがって，式(A1.3) は

$$Y(s)=\frac{\frac{3}{4}}{s}+\frac{-2}{s+1}+\frac{\frac{1}{2}}{(s+2)^2}+\frac{\frac{5}{4}}{s+2} \tag{A1.8}$$

となる。式(A1.8) を逆ラプラス変換して

$$\underline{\underline{y(t)=\frac{3}{4}-2e^{-t}+\frac{1}{2}te^{-2t}+\frac{5}{4}e^{-2t}}} \tag{A1.9}$$

を得る。

さらに詳しく

式(A1.3) の係数 A, B, C, D は，ヘビサイドの展開定理を用いて，式(A1.4)～

式(A1.7)で計算できることを示そう。

$$\frac{s+3}{s(s+1)(s+2)^2}=\frac{A}{s}+\frac{B}{s+1}+\frac{C}{(s+2)^2}+\frac{D}{s+2} \tag{A1.10}$$

の両辺に s を掛けると

$$\frac{s+3}{(s+1)(s+2)^2}=A+\frac{Bs}{s+1}+\frac{Cs}{(s+2)^2}+\frac{Ds}{s+2} \tag{A1.11}$$

となる。つぎのように式(A1.11)に $s=0$ を代入する。

$$\frac{3}{1\times 2^2}=A+0+0+0 \tag{A1.12}$$

式(A1.10)の両辺に $s+1$ を掛けると

$$\frac{s+3}{s(s+2)^2}=\frac{A(s+1)}{s}+B+\frac{C(s+1)}{(s+2)^2}+\frac{D(s+1)}{s+2} \tag{A1.13}$$

となるので，式(A1.13)に $s=-1$ を代入することで

$$\frac{2}{(-1)\times 1^2}=0+B+0+0 \tag{A1.14}$$

となる。同様に，式(A1.10)の両辺に $(s+2)^2$ を掛けて

$$\frac{s+3}{s(s+1)}=\frac{A(s+2)^2}{s}+\frac{B(s+2)^2}{s+1}+C+D(s+2) \tag{A1.15}$$

としてから，式(A1.15)に $s=-2$ を代入して

$$\frac{1}{(-2)\times(-1)}=0+0+C+0 \tag{A1.16}$$

を得る。最後に，いままでと同様に式(A1.10)の両辺に $s+2$ を掛けて

$$\frac{s+3}{s(s+1)(s+2)}=\frac{A(s+2)}{s}+\frac{B(s+2)}{s+1}+\frac{C}{s+2}+D \tag{A1.17}$$

としてから，式(A1.17)に $s=-2$ を代入すると

$$\frac{1}{0}=0+0+\frac{C}{0}+D \tag{A1.18}$$

のように，ゼロ割りが発生する。

これを避けるために，式(A1.15)の両辺を s で微分してから $s=-2$ を代入することとしよう。まず，式(A1.15)の左辺を s で微分するとつぎのようになる。

$$\frac{d}{ds}\left\{\frac{s+3}{s^2+s}\right\}=\frac{1\times(s^2+s)-(s+3)(2s+1)}{(s^2+s)^2} \tag{A1.19}$$

つぎに，式(A1.15) の右辺を s で微分するとつぎのようになる。

$$\frac{d}{ds}\left\{\frac{A(s+2)^2}{s}+\frac{B(s+2)^2}{s+1}+C+D(s+2)\right\}$$

$$=\frac{A\{2(s+2)s-(s+2)^2\times 1\}}{s^2}$$

$$+\frac{B\{2(s+2)\times(s+1)-(s+2)^2\times 1\}}{(s+1)^2}+0+D \tag{A1.20}$$

したがって，式(A1.19) と式(A1.20) を等しくおいて，$s=-2$ を代入すると

$$\frac{(4-2)-1\times(-4+1)}{(4-2)^2}=0+0+0+D \tag{A1.21}$$

となる。

以上から，式(A1.10) 右辺の係数は

$$A=\left.\frac{s+3}{(s+1)(s+2)^2}\right|_{s=0}=\frac{3}{2^2}=\frac{3}{4} \tag{A1.4 再掲}$$

$$B=\left.\frac{s+3}{s(s+2)^2}\right|_{s=-1}=\frac{2}{(-1)\times 1^2}=-2 \tag{A1.5 再掲}$$

$$C=\left.\frac{s+3}{s(s+1)}\right|_{s=-2}=\frac{1}{(-2)(-1)}=\frac{1}{2} \tag{A1.6 再掲}$$

$$D=\left.\frac{d}{ds}\left\{\frac{s+3}{s^2+s}\right\}\right|_{s=-2}$$

$$=\left.\frac{1\times(s^2+s)-(s+3)(2s+1)}{(s^2+s)^2}\right|_{s=-2}$$

$$=\frac{(4-2)-(1)(-4+1)}{(4-2)^2}=\frac{5}{4} \tag{A1.7 再掲}$$

で計算することができる。

(**ii**)

特性方程式は

$$s^3+5s^2+8s+a+1=0 \tag{A1.22}$$

である。式(A1.22)にラウス・フルビッツの安定判別法を適用する。ラウス表をつくるとつぎのようになる。

s^3行	1	8	0
s^2行	5	$a+1$	
s^1行	$\dfrac{39-a}{5}$	0	
s^0行	$a+1$		

システムが安定であるための必要十分条件は，第1列のすべての要素が正になることである。したがって

$$39-a>0 \tag{A1.23}$$

$$a+1>0 \tag{A1.24}$$

から，パラメータ a はつぎの条件を満たさなくてはならない。

$$-1<a<39 \tag{A1.25}$$

問2　解答

（i）

一巡伝達関数 $L(s)$ は

$$L(s)=\frac{K(1-s)}{s(s+1)} \tag{A2.1}$$

である。式(A2.1)から一巡周波数伝達関数 $L(j\omega)$ はつぎのようになる。

$$\begin{aligned}L(j\omega)&=\frac{K(1-j\omega)}{j\omega(j\omega+1)}\\&=\frac{K(1-j\omega)}{-\omega^2+j\omega}\\&=\frac{K(1-j\omega)(-\omega^2-j\omega)}{(-\omega^2+j\omega)(-\omega^2-j\omega)}\\&=\frac{-2K\omega^2+jK(\omega^3-\omega)}{\omega^4+\omega^2}\end{aligned} \tag{A2.2}$$

実軸と交差するのは，虚部がゼロとなるときであるから，式(A2.2)から

$$\omega^3-\omega=0 \tag{A2.3}$$

を $\omega>0$ の条件で解いて

$$\omega_{cp}=1\ \text{〔rad/s〕} \tag{A2.4}$$

を得る。このとき，$L(j\omega)$ は

$$L(j\omega_{cp})=\frac{-2K}{1+1}=-K \tag{A2.5}$$

と計算されるので，$L(j\omega)$ のベクトル軌跡は，$\omega=\omega_{cp}$ のとき，実軸上の点 $-K+j0$ を通ることがわかる。ここで，ω_{cp} を位相交差角周波数といい，位相が -180 deg となるときの角周波数である。

さて，題意では，ゲイン余裕 g_m が 10 dB となることを要求している。ゲイン余裕と一巡周波数伝達関数 $L(j\omega)$ のゲインとの関係は

$$g_m=-20\log_{10}|L(j\omega_{cp})| \tag{A2.6}$$

であることから，次式が成り立つ。

$$-20\log_{10}|L(j\omega_{cp})|=10 \tag{A2.7}$$

式(A2.7) から

$$\log_{10}|L(j\omega_{cp})|=-\frac{1}{2}=\log_{10}10^{-\frac{1}{2}}$$

$$\therefore\quad |L(j\omega_{cp})|=10^{-\frac{1}{2}}=\frac{1}{\sqrt{10}}=0.316 \tag{A2.8}$$

となる。また，式(A2.5) から

$$|L(j\omega_{cp})|=K \tag{A2.9}$$

なので，式(A2.8) と式(A2.9) より

$$\underline{\underline{K=0.316}} \tag{A2.10}$$

と求められる。

さらに詳しく

$K=0.316$ のときに，ゲイン余裕が 10 dB となることを確認しよう。一巡伝達関数 $L(s)$ は

$$L(s)=\frac{0.316(1-s)}{s(s+1)} \tag{A2.11}$$

であるから，一巡周波数伝達関数は

$$L(j\omega)=\frac{0.316(1-j\omega)}{j\omega(j\omega+1)} \tag{A2.12}$$

となる。式(A2.12)を有理化する。

$$\begin{aligned}L(j\omega)&=\frac{0.316(1-j\omega)}{j\omega(j\omega+1)}\\&=\frac{0.316(1-j\omega)}{-\omega^2+j\omega}\\&=\frac{-0.316(1-j\omega)}{\omega^2-j\omega}\cdot\frac{\omega^2+j\omega}{\omega^2+j\omega}\\&=\frac{-0.316\{2\omega^2-j(\omega^3-\omega)\}}{\omega^4+\omega^2}\end{aligned} \tag{A2.13}$$

実軸と交差するのは虚部がゼロとなるときであるから

$$\omega^3-\omega=0 \tag{A2.3 再掲}$$

を $\omega>0$ の条件で解いて，位相交差角周波数

$$\omega_{cp}=1 〔\mathrm{rad/s}〕 \tag{A2.4 再掲}$$

を得る。このときの一巡周波数伝達関数は式(A2.13)から

$$L(j\omega_{cp})=-\frac{0.632}{1+1}=-0.316 \tag{A2.14}$$

である。よって，ゲイン余裕 g_m は

$$\begin{aligned}g_m&=-20\log_{10}|L(j\omega_{cp})|\\&=-20\log_{10}0.316\\&=-20\times(-0.500)\\&=10 〔\mathrm{dB}〕\end{aligned} \tag{A2.15}$$

と求められる。

(ii)

一巡周波数伝達関数は有理化して

$$L(j\omega)=\frac{-2K\omega^2+jK(\omega^3-\omega)}{\omega^4+\omega^2} \tag{A2.2 再掲}$$

と書くことができる。位相余裕が 30 deg ということは，$\angle L(j\omega)$ が -150 deg であるから，**図 A.1** に示すようにベクトルの先端は第三象限にあって，式(A2.2) の実部も虚部も負である。そしてその大きさの比は $\sqrt{3}:1$ である。

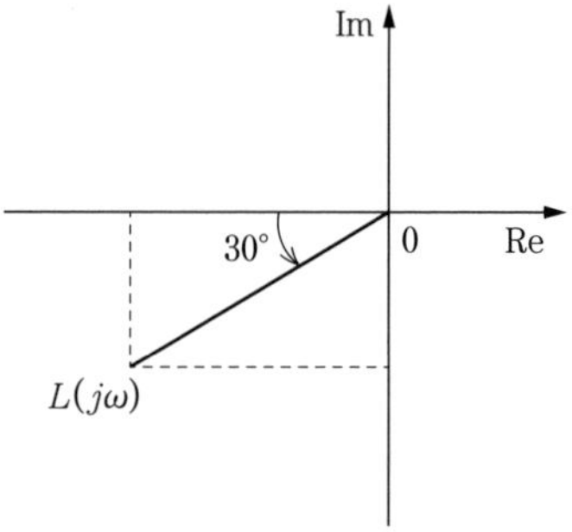

図 A.1

よって，つぎの比例式が成立する。

$$2K\omega^2 : K(\omega-\omega^3)=\sqrt{3}:1 \tag{A2.16}$$

式(A2.16) から

$$2\omega=\sqrt{3}\,(1-\omega^2) \tag{A2.17}$$

であるから，ω の二次方程式はつぎのようになる。

$$3\omega^2+2\sqrt{3}\,\omega-3=0 \tag{A2.18}$$

方程式 (A2.18) を $\omega>0$ の条件で解いて

$$\omega=\frac{1}{\sqrt{3}}\ \text{〔rad/s〕} \tag{A2.19}$$

を得る。

式(A2.19) の ω がゲイン交差角周波数 ω_{cg} でなくてはならない。すなわち，$\omega=\omega_{cg}=1/\sqrt{3}$ のとき，ゲインが 1 となる K を決定しよう。一巡周波数伝達関数 $L(j\omega)$ のゲインはつぎのように計算される。

$$|L(j\omega)|=\left|\frac{K(1-j\omega)}{j\omega(j\omega+1)}\right|=\frac{K\sqrt{1+\omega^2}}{\omega\sqrt{\omega^2+1}}=\frac{K}{\omega} \tag{A2.20}$$

したがって

$$|L(j\omega_{cg})|=\frac{K}{\omega_{cg}}=1 \tag{A2.21}$$

に $\omega_{cg}=1/\sqrt{3}$ を代入して

$$K=\frac{1}{\sqrt{3}} \tag{A2.22}$$

を得る。

さらに詳しく

$K=1/\sqrt{3}=0.577$ のときに，位相余裕が 30 deg となることを確認しよう。

一巡周波数伝達関数は

$$L(j\omega)=\frac{0.577(1-j\omega)}{j\omega(j\omega+1)} \tag{A2.23}$$

となる。式(A2.23) のゲインは

$$\begin{aligned}|L(j\omega)|&=\left|\frac{0.577(1-j\omega)}{j\omega(j\omega+1)}\right|\\&=\frac{0.577\sqrt{1+\omega^2}}{\omega\sqrt{\omega^2+1}}\\&=\frac{0.577}{\omega}\end{aligned} \tag{A2.24}$$

と計算されるから，$|L(j\omega)|=1$ とする角周波数は

$$\omega_{cg}=0.577\ \text{〔rad/s〕} \tag{A2.25}$$

と求められる。このときの一巡周波数伝達関数の位相はつぎのようになる。

$$\begin{aligned}\angle L(j\omega_{cg})&=\angle 0.577+\angle(1-j0.577)-\angle j0.577-\angle(1+j0.577)\\&=0+\tan^{-1}\frac{-0.577}{1}-90-\tan^{-1}\frac{0.577}{1}\\&=0-30-90-30\\&=-150\ \text{〔deg〕}\end{aligned} \tag{A2.26}$$

したがって，位相余裕は

$$\phi_m=-150-(-180)=30\ \text{〔deg〕} \tag{A2.27}$$

と求められる。

問 3　解答

(i)

　システム Σ_1 は次式で与えられている。

$$\frac{dx(t)}{dt}=Ax(t)+bu(t)+v(t) \tag{A3.1}$$

$$y(t)=cx(t) \tag{A3.2}$$

外乱がない場合の入力 $U(s)$ から出力 $Y(s)$ への伝達関数 $G(s)$ は，次式で計算することができる。

$$G(s)=c(sI-A)^{-1}b \tag{A3.3}$$

まず，$(sI-A)^{-1}$ を計算しよう。

$$(sI-A)^{-1}=\begin{bmatrix} s & -1 \\ 0 & s+2 \end{bmatrix}^{-1}=\frac{1}{s(s+2)}\begin{bmatrix} s+2 & 1 \\ 0 & s \end{bmatrix} \tag{A3.4}$$

となるので，式(A3.3) はつぎのようになる。

$$\begin{aligned} G(s)&=c(sI-A)^{-1}b \\ &=[1 \quad 0]\frac{1}{s(s+2)}\begin{bmatrix} s+2 & 1 \\ 0 & s \end{bmatrix}\begin{bmatrix} 0 \\ 1 \end{bmatrix} \\ &=\frac{1}{s(s+2)}[1 \quad 0]\begin{bmatrix} 1 \\ s \end{bmatrix}=\underline{\underline{\frac{1}{s(s+2)}}} \end{aligned} \tag{A3.5}$$

(ii)

　入力をつぎの式のように構成する。

$$u(t)=-fx(t)+kz(t) \tag{A3.6}$$

ここで，$z(t)$ は次式を満たしている。

$$\frac{dz(t)}{dt}=r(t)-y(t) \tag{A3.7}$$

式(A3.6) の入力をシステム (A3.1) に施すと

$$\begin{aligned} \frac{dx(t)}{dt}&=Ax(t)+b\{-fx(t)+kz(t)\}+v(t) \\ &=(A-bf)x(t)+bkz(t)+v(t) \end{aligned} \tag{A3.8}$$

となる。また，式(A3.7) に式(A3.2) を代入して

$$\frac{dz(t)}{dt} = r(t) - cx(t) \tag{A3.9}$$

となる。式(A3.8) と式(A3.9) をまとめて

$$\frac{d}{dt}\begin{bmatrix} x(t) \\ z(t) \end{bmatrix} = \begin{bmatrix} A-bf & bk \\ -c & 0 \end{bmatrix}\begin{bmatrix} x(t) \\ z(t) \end{bmatrix} + \begin{bmatrix} v(t) \\ r(t) \end{bmatrix} \tag{A3.10}$$

と表すことができる。

問題文では

$$\widehat{A} = \begin{bmatrix} A-bf & kb \\ -c & 0 \end{bmatrix} \tag{A3.11}$$

となっているが，k はスカラなので，$bk = kb$ が成り立つ。さて，$f = [f_1 \ \ f_2]$ と k を未知パラメータとして残して，式(A3.11) に A, b, c の値を代入するとつぎのようになる。

$$\widehat{A} = \begin{bmatrix} A-bf & kb \\ -c & 0 \end{bmatrix} = \begin{bmatrix} 0 & 1 & 0 \\ -f_1 & -2-f_2 & k \\ -1 & 0 & 0 \end{bmatrix} \tag{A3.12}$$

したがって，行列 $\widehat{A}$ の固有値を求めるための特性多項式は

$$|sI - \widehat{A}| = \begin{vmatrix} s & -1 & 0 \\ f_1 & s+2+f_2 & -k \\ 1 & 0 & s \end{vmatrix} = s^3 + (2+f_2)s^2 + f_1 s + k \tag{A3.13}$$

となる。また，題意より，行列 $\widehat{A}$ の固有値を $-1, \ -1 \pm j$ にしたいので，そのための特性多項式 $P(s)$ は次式で与えられる。

$$P(s) = (s+1)(s+1-j)(s+1+j) = s^3 + 3s^2 + 4s + 2 \tag{A3.14}$$

式(A3.13) と式(A3.14) を係数比較することで

$$f_1 = 4, \quad f_2 = 1, \quad k = 2 \tag{A3.15}$$

を得る。

(iii)

拡大システム Σ_2 は次式で記述される。

$$\frac{d}{dt}\begin{bmatrix} x(t) \\ z(t) \end{bmatrix} = \begin{bmatrix} 0 & 1 & 0 \\ -4 & -3 & 2 \\ -1 & 0 & 0 \end{bmatrix}\begin{bmatrix} x(t) \\ z(t) \end{bmatrix} + \begin{bmatrix} v(t) \\ r(t) \end{bmatrix} \tag{A3.16}$$

目標値 $r(t)$ と外乱 $v(t)$ が所定の大きさでステップ状に変化したのち，十分に時間が経過すれば状態は定常値となり，その時間微分はゼロとなる。よって，状態の定常値 $x(\infty)$ と $z(\infty)$ は次式を満たす。

$$\begin{bmatrix}0\\0\end{bmatrix}=\begin{bmatrix}0 & 1 & 0\\-4 & -3 & 2\\-1 & 0 & 0\end{bmatrix}\begin{bmatrix}x(\infty)\\z(\infty)\end{bmatrix}+\begin{bmatrix}v_{10}\\v_{20}\\r_0\end{bmatrix} \tag{A3.17}$$

式(A3.17) から定常値 $x(\infty)$ と $z(\infty)$ は

$$\begin{bmatrix}x(\infty)\\z(\infty)\end{bmatrix}=-\begin{bmatrix}0 & 1 & 0\\-4 & -3 & 2\\-1 & 0 & 0\end{bmatrix}^{-1}\begin{bmatrix}v_{10}\\v_{20}\\r_0\end{bmatrix}$$

$$=\frac{1}{2}\begin{bmatrix}0 & 0 & 2\\-2 & 0 & 0\\-3 & -1 & 4\end{bmatrix}\begin{bmatrix}v_{10}\\v_{20}\\r_0\end{bmatrix}=\frac{1}{2}\begin{bmatrix}2r_0\\-2v_{10}\\-3v_{10}-v_{20}+4r_0\end{bmatrix} \tag{A3.18}$$

と求められる。式(A3.18) から

$$z(\infty)=\frac{1}{2}(-3v_{10}-v_{20}+4r_0) \tag{A3.19}$$

となる。

さらに詳しく

式(A3.18) から

$$x(\infty)=\begin{bmatrix}r_0\\-v_{10}\end{bmatrix} \tag{A3.20}$$

である。よって，出力 $y(t)$ の定常値は

$$y(\infty)=[1\quad 0]\begin{bmatrix}r_0\\-v_{10}\end{bmatrix}=r_0 \tag{A3.21}$$

となり，目標値に定常偏差なく追従できていることがわかる。

大阪大学大学院 工学研究科 博士前期課程

電気電子情報通信工学専攻 電気工学コース

平成28年度入試 (平成27年8月実施問題 抜粋)

試験問題 (制御工学)

1. 次の伝達関数 $G(s)$ で表される線形時不変システムの極のうち，その実部が正であるものの個数を答えよ．また，その理由も述べること．

$$G(s)=\frac{1}{s^5+s^4+3s^3+4s^2+2s+1}$$

2. 次の伝達関数 $G(s)$ で表される線形時不変システムについて，以下の問いに答えよ．ただし，a は正の実数値をとるパラメータとする．

$$G(s)=\frac{a}{s^2+5s+a}$$

（i） ステップ応答が単調増加となるための a に関する必要十分条件を求めよ．

（ii） $a=8$ としたときのインパルス応答を時間 t の関数として求めよ．

（iii） $a=8$ としたとき，位相 $\angle G(j\omega)$ が $-90°$ となる角周波数 ω の値を求めよ．ただし，j は虚数単位を表す．

3. 状態方程式と出力方程式がそれぞれ次のように与えられている1入力

1 出力線形時不変システム（S）を考える．

$$\frac{d\boldsymbol{x}(t)}{dt}=\boldsymbol{A}\boldsymbol{x}(t)+\boldsymbol{b}u(t),\quad y(t)=\boldsymbol{c}\boldsymbol{x}(t)$$

ただし，$\boldsymbol{x}(t)=\begin{bmatrix}x_1(t)\\x_2(t)\end{bmatrix}$，$u(t)$，$y(t)$ は，それぞれ，システムの状態変数ベクトル，入力変数，出力変数であり，$\boldsymbol{A}, \boldsymbol{b}, \boldsymbol{c}$ はそれぞれ次のように与えられている．

$$\boldsymbol{A}=\begin{bmatrix}0 & 2\\1 & -1\end{bmatrix},\quad \boldsymbol{b}=\begin{bmatrix}2\\1\end{bmatrix},\quad \boldsymbol{c}=\begin{bmatrix}0 & 1\end{bmatrix}$$

（i） システム（S）が可制御であるか，また，可観測であるかを判定せよ．

（ii） システム（S）の状態変数ベクトル $\boldsymbol{x}(t)$ と出力変数 $y(t)$ の値を，次のシステムを用いて推定する．

$$\frac{d\hat{\boldsymbol{x}}(t)}{dt}=\boldsymbol{A}\hat{\boldsymbol{x}}(t)+\boldsymbol{b}u(t)-\boldsymbol{l}(\hat{y}(t)-y(t)),\quad \hat{y}(t)=\boldsymbol{c}\hat{\boldsymbol{x}}(t)$$

ここで，$\hat{\boldsymbol{x}}(t)=\begin{bmatrix}\hat{x}_1(t)\\\hat{x}_2(t)\end{bmatrix}$，$\hat{y}(t)$ は，それぞれ，$\boldsymbol{x}(t)$ と $y(t)$ の推定量であり，$\boldsymbol{l}=\begin{bmatrix}l_1\\l_2\end{bmatrix}$ は定数ベクトルである．$\boldsymbol{x}(t)$ の推定誤差 $\boldsymbol{e}(t)=\begin{bmatrix}e_1(t)\\e_2(t)\end{bmatrix}=\hat{\boldsymbol{x}}(t)-\boldsymbol{x}(t)$ を状態変数ベクトルとした状態方程式

$$\frac{d\boldsymbol{e}(t)}{dt}=\boldsymbol{A}_e\boldsymbol{e}(t)$$

の行列 $\boldsymbol{A}_e$ を l_1，l_2 を用いて表せ．

（iii） 行列 $\boldsymbol{A}_e$ の固有値を -1，-2 にする l_1, l_2 を求めよ．

（iv） （iii）で指定した $\boldsymbol{l}$ と $\boldsymbol{k}=\begin{bmatrix}\frac{2}{3} & \frac{2}{3}\end{bmatrix}$ を用いて，システム（S）に推定状態フィードバック $u(t)=-\boldsymbol{k}\hat{\boldsymbol{x}}(t)=-\boldsymbol{k}(\boldsymbol{x}(t)+\boldsymbol{e}(t))$ を施す．$\boldsymbol{z}(t)=\begin{bmatrix}\boldsymbol{x}(t)\\\boldsymbol{e}(t)\end{bmatrix}$ を状態変数ベクトルとした状態方程式

$$\frac{d\boldsymbol{z}(t)}{dt} = \boldsymbol{A}_{cl}\boldsymbol{z}(t)$$

の行列 $\boldsymbol{A}_{cl}$ とその固有値を求めよ.

専門用語の英訳

伝達関数	transfer function
線形時不変システム	linear time−invariant system
極	pole
実部	real part
ステップ応答	step response
単調増加	monotonically increasing
インパルス応答	impulse response
位相	phase
角周波数	angular frequency
虚数単位	imaginary unit
状態方程式	state equation
出力方程式	output equation
状態変数ベクトル	state variable vector
入力変数	input variable
出力変数	output variable
可制御	controllable
可観測	observable
推定状態フィードバック	estimated state feedback

問1　解答

特性方程式

$$s^5 + s^4 + 3s^3 + 4s^2 + 2s + 1 = 0 \tag{A1.1}$$

に関して，ラウス・フルビッツの安定判別法を適用し，つぎのようにラウス表をつくる。

s^5 行	1	3	2	0
s^4 行	1	4	1	
s^3 行	-1	1	0	
s^2 行	5	1		
s^1 行	$\frac{6}{5}$	0		
s^0 行	1			

ラウス表の第1列の要素の符号が上から順に，正，正，負，正，正，正となった。符号が2回反転しているので，その実部が正であるもの，すなわち，不安定な特性根の個数は2個である。

問2 解答

(i)

非振動的でオーバーシュートしない応答であるための必要十分条件は，特性方程式

$$s^2+5s+a=0 \tag{A2.1}$$

が安定根をもち，しかもその根が共役複素数ではなく，実根となることである。

まず，ラウス・フルビッツの安定判別法を適用してラウス表を作成するとつぎのようになる。

s^2 行	1	a
s^1 行	5	0
s^0 行	a	

ラウス表の第1列のすべての要素が正であることが，システムが安定であることの必要十分条件である。したがって

$$a>0 \tag{A2.2}$$

を得る。式(A2.2) から，ステップ応答が発散する不安定システムを対象から排除するために，問題文に $a>0$ の条件をあらかじめ設定していたことがわかる。つぎに判別式 $D\geq 0$ から

$$D=25-4a\geq 0 \tag{A2.3}$$

を満たす a を求めればよい。式(A2.3) を解いて

$$a \leq \frac{25}{4} \tag{A2.4}$$

を得る。以上より，所望の条件は，$0 < a \leq \dfrac{25}{4}$ と求められる。

(ii)

$a = 8$ のとき伝達関数 $G(s)$ は

$$G(s) = \frac{8}{s^2 + 5s + 8} \tag{A2.5}$$

となる。伝達関数は，単位インパルス応答をラプラス変換したものなので，式(A2.5) を逆ラプラス変換すれば，単位インパルス応答 $g(t)$ を得ることができる。

$$\begin{aligned} g(t) &= \mathcal{L}^{-1}[G(s)] \\ &= \mathcal{L}^{-1}\left[\frac{8}{s^2 + 5s + 8}\right] \\ &= \mathcal{L}^{-1}\left[\frac{8}{\left(s + \frac{5}{2}\right)^2 + 8 - \frac{25}{4}}\right] \\ &= \mathcal{L}^{-1}\left[\frac{\frac{16}{\sqrt{7}} \times \left(\frac{\sqrt{7}}{2}\right)}{\left(s + \frac{5}{2}\right)^2 + \left(\frac{\sqrt{7}}{2}\right)^2}\right] \\ &= \frac{16}{\sqrt{7}} e^{-\frac{5}{2}t} \sin \frac{\sqrt{7}}{2} t \end{aligned} \tag{A2.6}$$

(iii)

周波数伝達関数はつぎのようになる。

$$\begin{aligned} G(j\omega) &= \frac{8}{(j\omega)^2 + 5(j\omega) + 8} = \frac{8}{-\omega^2 + j5\omega + 8} \\ &= \frac{8}{(8 - \omega^2) + j5\omega} \end{aligned} \tag{A2.7}$$

位相 $\angle G(j\omega)$ が -90 deg となるのは，式(A2.7) の分母が純虚数となるときである。そのためには

$$8-\omega^2=0 \tag{A2.8}$$

を満たす角周波数を $\omega>0$ の条件で解いて

$$\omega=2\sqrt{2}\ \text{〔rad/s〕} \tag{A2.9}$$

を得る。

問3 解答

(i)

可制御性行列 $U_C=[b \quad Ab]$ を計算すると

$$Ab=\begin{bmatrix}0 & 2\\1 & -1\end{bmatrix}\begin{bmatrix}2\\1\end{bmatrix}=\begin{bmatrix}2\\1\end{bmatrix} \tag{A3.1}$$

なので

$$U_C=\begin{bmatrix}2 & 2\\1 & 1\end{bmatrix} \tag{A3.2}$$

となる。式(A3.2) の行列式は

$$|U_C|=2-2=0 \tag{A3.3}$$

となり，システム（S）は不可制御と判定される。

可観測性行列 $U_O=\begin{bmatrix}c\\cA\end{bmatrix}$ を計算する。

$$cA=[0 \quad 1]\begin{bmatrix}0 & 2\\1 & -1\end{bmatrix}=[1 \quad -1] \tag{A3.4}$$

なので

$$U_O=\begin{bmatrix}0 & 1\\1 & -1\end{bmatrix} \tag{A3.5}$$

となる。式(A3.5) の行列式は

$$|U_O|=-1\neq 0 \tag{A3.6}$$

となり，システム（S）は可観測と判定される。

(ii)

システム（S）は次式で与えられている。

$$\frac{dx(t)}{dt}=Ax(t)+bu(t) \tag{A3.7}$$

$$y(t) = cx(t) \tag{A3.8}$$

また，状態観測器は

$$\frac{d\hat{x}(t)}{dt} = A\hat{x}(t) + bu(t) - l\{\hat{y}(t) - y(t)\} \tag{A3.9}$$

$$\hat{y}(t) = c\hat{x}(t) \tag{A3.10}$$

で与えられている。

いま，推定誤差を

$$e(t) = \hat{x}(t) - x(t) \tag{A3.11}$$

で定義するとき，式(A3.11) の時間微分は

$$\frac{de(t)}{dt} = \frac{d\hat{x}(t)}{dt} - \frac{dx(t)}{dt} \tag{A3.12}$$

となるから，式(A3.12) の右辺に式(A3.7) と式(A3.9) を代入するとつぎのようになる。

$$\begin{aligned}\frac{de(t)}{dt} &= A\hat{x}(t) + bu(t) - l\{\hat{y}(t) - y(t)\} - Ax(t) - bu(t)\\ &= A\hat{x}(t) - l\{c\hat{x}(t) - cx(t)\} - Ax(t)\\ &= (A - lc)\hat{x}(t) - (A - lc)x(t)\\ &= (A - lc)e(t)\end{aligned} \tag{A3.13}$$

したがって，行列 A_e は

$$\begin{aligned}A_e &= A - lc\\ &= \begin{bmatrix}0 & 2\\ 1 & -1\end{bmatrix} - \begin{bmatrix}l_1\\ l_2\end{bmatrix}\begin{bmatrix}0 & 1\end{bmatrix}\\ &= \begin{bmatrix}0 & 2\\ 1 & -1\end{bmatrix} - \begin{bmatrix}0 & l_1\\ 0 & l_2\end{bmatrix} = \underline{\underline{\begin{bmatrix}0 & 2-l_1\\ 1 & -1-l_2\end{bmatrix}}}\end{aligned} \tag{A3.14}$$

と表される。

(iii)

行列 A_e の特性多項式は次式となる。

$$|sI - A_e| = \left|\begin{bmatrix}s & 0\\ 0 & s\end{bmatrix} - \begin{bmatrix}0 & 2-l_1\\ 1 & -1-l_2\end{bmatrix}\right|$$

$$=\begin{vmatrix} s & -2+l_1 \\ -1 & s+1+l_2 \end{vmatrix}$$

$$=s(s+1+l_2)+(-2+l_1)$$

$$=s^2+(1+l_2)s+(-2+l_1) \tag{A3.15}$$

行列 A_e の固有値を -1, -2 とするには，特性多項式が

$$P(s)=(s+1)(s+2)=s^2+3s+2 \tag{A3.16}$$

となればよい。よって，式(A3.15) と式(A3.16) の係数を比較することでつぎの式が成立する。

$$1+l_2=3 \tag{A3.17}$$

$$-2+l_1=2 \tag{A3.18}$$

式(A3.17)，式(A3.18) を解いて

$$\begin{bmatrix} l_1 \\ l_2 \end{bmatrix}=\begin{bmatrix} 4 \\ 2 \end{bmatrix} \tag{A3.19}$$

を得る。

(iv)

つぎの推定状態フィードバック

$$u(t)=-k\hat{x}(t) \tag{A3.20}$$

を施すとき，システム（S）はつぎのように記述される。

$$\frac{dx(t)}{dt}=Ax(t)-bk\hat{x}(t) \tag{A3.21}$$

また，状態観測器は

$$\frac{d\hat{x}(t)}{dt}=A\hat{x}(t)-bk\hat{x}(t)-l\{c\hat{x}(t)-cx(t)\}$$

$$=(A-bk-lc)\hat{x}(t)+lcx(t) \tag{A3.22}$$

と記述できる。式(A3.21) と式(A3.22) をまとめて行列で表すと

$$\frac{d}{dt}\begin{bmatrix} x(t) \\ \hat{x}(t) \end{bmatrix}=\begin{bmatrix} A & -bk \\ lc & A-bk-lc \end{bmatrix}\begin{bmatrix} x(t) \\ \hat{x}(t) \end{bmatrix} \tag{A3.23}$$

となる。式(A3.23) は併合系と呼ばれ，状態観測器を用いて状態フィードバック制御を施すときの閉ループ系の動特性を表している。併合系（A3.23）の状態

変数は，システム（S）の状態変数 $x(t)$ と状態観測器の推定量 $\hat{x}(t)$ である。

題意は，併合系の状態変数を $z(t)=\begin{bmatrix} x(t) \\ e(t) \end{bmatrix}$ にすることを要求している。そこで，座標変換を行うことで，いまの状態変数である $x(t)$ と $\hat{x}(t)$ から，新しい状態変数 $x(t)$ と $e(t)$ に変換することを試みる。そのための座標変換行列を見つけることから始めよう。推定誤差 $e(t)$ の定義式

$$e(t)=\hat{x}(t)-x(t) \tag{A3.11 再掲}$$

から

$$\hat{x}(t)=x(t)+e(t) \tag{A3.24}$$

となる。よって，座標変換を

$$\begin{bmatrix} x(t) \\ \hat{x}(t) \end{bmatrix}=\begin{bmatrix} I & 0 \\ I & I \end{bmatrix}\begin{bmatrix} x(t) \\ e(t) \end{bmatrix} \tag{A3.25}$$

とすれば，$x(t)$ と $\hat{x}(t)$ から $x(t)$ と $e(t)$ に変換することができることがわかる。以上のことから座標変換行列を

$$T=\begin{bmatrix} I & 0 \\ I & I \end{bmatrix} \tag{A3.26}$$

に決定する。

式(A3.26) の座標変換行列を使って併合系 (A3.23) を座標変換する。

$$\begin{aligned}\frac{d}{dt}\begin{bmatrix} x(t) \\ e(t) \end{bmatrix}&=\begin{bmatrix} I & 0 \\ I & I \end{bmatrix}^{-1}\begin{bmatrix} A & -bk \\ lc & A-bk-lc \end{bmatrix}\begin{bmatrix} I & 0 \\ I & I \end{bmatrix}\begin{bmatrix} x(t) \\ e(t) \end{bmatrix}\\&=\begin{bmatrix} I & 0 \\ -I & I \end{bmatrix}\begin{bmatrix} A-bk & -bk \\ A-bk & A-bk-lc \end{bmatrix}\begin{bmatrix} x(t) \\ e(t) \end{bmatrix}\\&=\begin{bmatrix} A-bk & -bk \\ 0 & A-lc \end{bmatrix}\begin{bmatrix} x(t) \\ e(t) \end{bmatrix}\end{aligned} \tag{A3.27}$$

式(A3.27) は

$$\frac{dz(t)}{dt}=A_{cl}z(t) \tag{A3.28}$$

の表現形式になっているので，行列 A_{cl} は

$$A_{cl}=\begin{bmatrix} A-bk & -bk \\ 0 & A-lc \end{bmatrix} \tag{A3.29}$$

と求められる。

続いて，併合系 (A3.27) の特性根である，行列 A_{cl} の固有値を計算しよう。固有値は

$$\begin{vmatrix} sI-A+bk & bk \\ 0 & sI-A+lc \end{vmatrix}=0 \tag{A3.30}$$

で求めることができる。式(A3.30) は行列式の公式から

$$|sI-A+bk||sI-A+lc|=0 \tag{A3.31}$$

と書き直すことができる。

まず，$|sI-A+bk|=0$ を解く。フィードバックゲイン k は

$$k=\begin{bmatrix} \dfrac{2}{3} & \dfrac{2}{3} \end{bmatrix} \tag{A3.32}$$

と与えられているので，これを用いるとつぎのようになる。

$$\begin{aligned} |sI-A+bk| &= \left|\begin{bmatrix} s & 0 \\ 0 & s \end{bmatrix}-\begin{bmatrix} 0 & 2 \\ 1 & -1 \end{bmatrix}+\begin{bmatrix} 2 \\ 1 \end{bmatrix}\begin{bmatrix} \dfrac{2}{3} & \dfrac{2}{3} \end{bmatrix}\right| \\ &= \begin{vmatrix} s+\dfrac{4}{3} & -2+\dfrac{4}{3} \\ -1+\dfrac{2}{3} & s+1+\dfrac{2}{3} \end{vmatrix} = \begin{vmatrix} s+\dfrac{4}{3} & -\dfrac{2}{3} \\ -\dfrac{1}{3} & s+\dfrac{5}{3} \end{vmatrix} \\ &= s^2+3s+2=(s+1)(s+2) \end{aligned} \tag{A3.33}$$

よって，固有値 $\lambda_1=-1$，$\lambda_2=-2$ を得る。

式(A3.31) から得られるもう一つの，$|sI-A+lc|=0$ は，行列 A_e の固有値を求める式であるから，これの解は，（iii）から，$\lambda_3=-1$，$\lambda_4=-2$ である。確認のためにつぎのように固有値を計算しておこう。

$$\begin{aligned} |sI-A+lc| &= \left|\begin{bmatrix} s & 0 \\ 0 & s \end{bmatrix}-\begin{bmatrix} 0 & 2 \\ 1 & -1 \end{bmatrix}+\begin{bmatrix} 4 \\ 2 \end{bmatrix}\begin{bmatrix} 0 & 1 \end{bmatrix}\right| = \begin{vmatrix} s & 2 \\ -1 & s+3 \end{vmatrix} \\ &= s(s+3)+2=(s+1)(s+2) \end{aligned} \tag{A3.34}$$

以上から，行列 A_{cl} の固有値は，-1，-1，-2，-2 と求められた。

さらに詳しく

座標変換をしても固有値は不要なので，併合系 (A3.23) の固有値は，式(A3.31)

から，状態が直接観測できる条件のもとで状態フィードバック制御を施して構成する閉ループ系の固有値と，状態観測器の固有値からなっていることがわかる。

このことは，状態フィードバック制御の設計と状態観測器の設計を分離して，それぞれ独立に行ってよいことを意味しており，これを分離定理という。

式(A3.27) を分解すると

$$\frac{dx(t)}{dt} = (A - bk)x(t) - bke(t) \tag{A3.35}$$

$$\frac{de(t)}{dt} = (A - lc)e(t) \tag{A3.36}$$

となる。式(A3.35) は，システム (S) の状態 $x(t)$ が直接観測できるという条件のもとで施す状態フィードバック制御

$$u(t) = -kx(t) \tag{A3.37}$$

による閉ループ系に，推定誤差 $e(t)$ が外乱として加わって制御性能を劣化させていると解釈できる。この推定誤差 $e(t)$ は，式(A3.36) から

$$e(t) = \exp\{(A - lc)t\}e(0) \tag{A3.38}$$

に従って，$t \to 0$ でゼロに収束する。したがって，状態観測器の固有値は，閉ループ系よりも幾分速い応答をする位置に配置することがよいとされている。

さらに詳しく

システム (S) に推定状態フィードバック

$$u(t) = -k\{x(t) + e(t)\} \tag{A3.39}$$

を施すと，式(A3.35) となる。また，式(A3.13) は変わらないので式(A3.36) に一致する。この二つの式から (A3.27) を導出することができる。

徳島大学大学院 先端技術科学教育部
博士前期課程

知的力学システム工学専攻
機械創造システム工学コース

■ 平成31年度入試 （平成30年8月実施問題　抜粋）

試験問題　（自動制御理論）

第1問　伝達関数 $G(s)$ の単位ステップ応答が

$$f(t) = K\left\{t - T\left(1 - e^{-\frac{t}{T}}\right)\right\}$$

である。ただし，K, T は定数とする。

伝達関数 $G(s)$ を求めよ。

第2問　次の2次振動系について設問に答えなさい。なお解答は式でも構わない。

$$G(s) = \frac{8}{s^2 + 4s + 8}$$

（1）　減衰係数 ζ と固有角周波数 ω_n はいくらか。

（2）　単位ステップ応答 $f(t)$ を求めよ。

（3）　最大行き過ぎ量と行き過ぎ時間 t_p を求めよ。

第1問　解答

単位ステップ状の入力信号に対して，出力の時間応答が

$$f(t) = K\left\{t - T\left(1 - e^{-\frac{1}{T}t}\right)\right\} \tag{A1.1}$$

である。式(A1.1)をラプラス変換するとつぎのようになる。

$$F(s)=K\left\{\frac{1}{s^2}-T\left(\frac{1}{s}-\frac{1}{s+\frac{1}{T}}\right)\right\}$$

$$=K\left(\frac{1}{s^2}-\frac{T}{s}+\frac{T^2}{1+Ts}\right)$$

$$=\frac{K}{s^2(1+Ts)} \tag{A1.2}$$

式(A1.2) の $F(s)$ と伝達関数 $G(s)$ との関係は

$$F(s)=G(s)\cdot\frac{1}{s} \tag{A1.3}$$

であるからつぎのように求められる。

$$\underline{\underline{G(s)=\frac{K}{s(1+Ts)}}} \tag{A1.4}$$

さらに詳しく

式(A1.4) の伝達関数をもつシステムの単位ステップ応答 $f(t)$ を求めよう。単位ステップ関数のラプラス変換は $1/s$ であるから

$$F(s)=G(s)\cdot\frac{1}{s}=\frac{K}{s^2(1+Ts)} \tag{A1.5}$$

である。式(A1.5) をつぎの形の部分分数に分解する。

$$\frac{K}{s^2(1+Ts)}=\frac{A}{s^2}+\frac{B}{s}+\frac{C}{1+Ts} \tag{A1.6}$$

式(A1.6) の右辺の係数はヘビサイドの展開定理を使ってつぎのように求めることができる。

$$A=\left.\frac{K}{1+Ts}\right|_{s=0}=K \tag{A1.7}$$

$$B=\left.\frac{d}{ds}\left\{\frac{K}{1+Ts}\right\}\right|_{s=0}=\left.\frac{0-KT}{(1+Ts)^2}\right|_{s=0}=\frac{-KT}{1}=-KT \tag{A1.8}$$

$$C=\left.\frac{K}{s^2}\right|_{s=-\frac{1}{T}}=\frac{K}{\frac{1}{T^2}}=KT^2 \tag{A1.9}$$

したがって，式(A1.5) は

$$
\begin{aligned}
F(s) &= \frac{K}{s^2} - \frac{KT}{s} + \frac{KT^2}{1+Ts} \\
&= \frac{K}{s^2} - \frac{KT}{s} + \frac{KT}{s+\dfrac{1}{T}} \qquad \text{(A1.10)}
\end{aligned}
$$

と書くことができる。

式(A1.10) を逆ラプラス変換するとつぎのようになる。

$$
\begin{aligned}
f(t) &= \mathcal{L}^{-1}\left[\frac{K}{s^2} - \frac{KT}{s} + \frac{KT}{s+\dfrac{1}{T}}\right] \\
&= Kt - KT + KTe^{-\frac{1}{T}t} \\
&= K\left\{t - T\left(1 - e^{-\frac{1}{T}t}\right)\right\} \qquad \text{(A1.11)}
\end{aligned}
$$

式(A1.11) は式(A1.1) に等しい。

念のため，式(A1.6) 右辺の係数が式(A1.7)～式(A1.9) で計算されることを確認しておこう。

$$
\frac{K}{s^2(1+Ts)} = \frac{A}{s^2} + \frac{B}{s} + \frac{C}{1+Ts} \qquad \text{(A1.6 再掲)}
$$

の両辺に s^2 を掛けるとつぎのようになる。

$$
\frac{K}{1+Ts} = A + Bs + \frac{Cs^2}{1+Ts} \qquad \text{(A1.12)}
$$

式(A1.12) に $s=0$ を代入すると

$$
K = A + 0 + 0 \qquad \text{(A1.13)}
$$

となる。同様に式(A1.6) の両辺に s を掛けて

$$
\frac{K}{s(1+Ts)} = \frac{A}{s} + B + \frac{Cs}{1+Ts} \qquad \text{(A1.14)}
$$

となる。式(A1.14) に $s=0$ を代入すると

$$
\frac{K}{0\times 1} = \frac{A}{0} + B + 0 \qquad \text{(A1.15)}
$$

のようにゼロ割りが起きてしまう。そこで，式(A1.12) の両辺を s で微分して

$$\frac{0-KT}{(1+Ts)^2}=0+B+\frac{2Cs(1+Ts)-CTs^2}{(1+Ts)^2} \tag{A1.16}$$

としたうえで式(A1.16)に $s=0$ を代入すると

$$-KT=0+B+0 \tag{A1.17}$$

となる。最後に式(A1.6)の両辺に $1+Ts$ を掛けるとつぎのようになる。

$$\frac{K}{s^2}=\frac{A(1+Ts)}{s^2}+\frac{B(1+Ts)}{s}+C \tag{A1.18}$$

式(A1.18)に $s=-\dfrac{1}{T}$ を代入する。

$$KT^2=0+0+C \tag{A1.19}$$

以上から，式(A1.6)右辺の係数は，つぎに示す計算で求めることができる。

$$A=\left.\frac{K}{1+Ts}\right|_{s=0}=K \quad \text{(A1.7 再掲)}$$

$$B=\left.\frac{d}{ds}\left\{\frac{K}{1+Ts}\right\}\right|_{s=0}=\left.\frac{0-KT}{(1+Ts)^2}\right|_{s=0}=\frac{-KT}{1}=-KT \quad \text{(A1.8 再掲)}$$

$$C=\left.\frac{K}{s^2}\right|_{s=-\frac{1}{T}}=\frac{K}{\dfrac{1}{T^2}}=KT^2 \quad \text{(A1.9 再掲)}$$

第2問　解答

(1)

与式の

$$G(s)=\frac{8}{s^2+4s+8} \tag{A2.1}$$

と，二次遅れ要素の標準形

$$G(s)=\frac{{\omega_n}^2}{s^2+2\zeta\omega_n s+{\omega_n}^2} \tag{A2.2}$$

を係数比較して，つぎの式を得る。

$${\omega_n}^2=8 \tag{A2.3}$$

$$2\zeta\omega_n=4 \tag{A2.4}$$

式(A2.3)を $\omega_n>0$ の条件で解いて

$$\omega_n = 2\sqrt{2}\ \text{〔rad/s〕} \tag{A2.5}$$

となる。式(A2.5) を式(A2.4) に代入することで

$$\zeta = \frac{1}{\sqrt{2}} \tag{A2.6}$$

となる。

(2)

単位ステップ関数のラプラス変換は $1/s$ であるから，単位ステップ応答は

$$F(s) = G(s) \cdot \frac{1}{s} = \frac{8}{s(s^2 + 4s + 8)} \tag{A2.7}$$

で与えられる。式(A2.7) をつぎの形の部分分数に分解しよう。

$$\frac{8}{s(s^2 + 4s + 8)} = \frac{A}{s} + \frac{Bs + C}{s^2 + 4s + 8} \tag{A2.8}$$

式(A2.8) 右辺の係数を決定するために，同式右辺を通分する。

$$\frac{A}{s} + \frac{Bs + C}{s^2 + 4s + 8} = \frac{Q(s)}{s(s^2 + 4s + 8)} \tag{A2.9}$$

式(A2.9) の分子多項式 $Q(s)$ はつぎのように計算される。

$$\begin{aligned} Q(s) &= A(s^2 + 4s + 8) + (Bs + C)s \\ &= As^2 + 4As + 8A + Bs^2 + Cs \\ &= (A + B)s^2 + (4A + C)s + 8A \end{aligned} \tag{A2.10}$$

式(A2.8) の左辺の分子と式(A2.10) を係数比較することで

$$A + B = 0 \tag{A2.11}$$

$$4A + C = 0 \tag{A2.12}$$

$$8A = 8 \tag{A2.13}$$

の方程式が成り立つことがわかる。式(A2.11)～式(A2.13) を解いて

$$A = 1, \quad B = -1, \quad C = -4 \tag{A2.14}$$

を得る。

したがって，式(A2.7) はつぎのように部分分数に分解される。

$$F(s) = \frac{1}{s} - \frac{s + 4}{s^2 + 4s + 8} \tag{A2.15}$$

逆ラプラス変換するために，式(A2.15) をつぎのように変形する。

$$F(s)=\frac{1}{s}-\frac{s+4}{(s+2)^2+8-4}$$

$$=\frac{1}{s}-\frac{s+4}{(s+2)^2+2^2}$$

$$=\frac{1}{s}-\left\{\frac{s+2}{(s+2)^2+2^2}+\frac{2}{(s+2)^2+2^2}\right\} \tag{A2.16}$$

式(A2.16) を逆ラプラス変換して

$$f(t)=1-(e^{-2t}\cos 2t+e^{-2t}\sin 2t)$$

$$=\underline{\underline{1-e^{-2t}(\cos 2t+\sin 2t)}} \tag{A2.17}$$

となる。

(3)

単位ステップ応答は

$$f(t)=1-e^{-2t}(\cos 2t+\sin 2t) \qquad \text{(A2.17 再掲)}$$

で与えられる。最大値を見つけるために，つぎのように式(A2.17) を時間微分する。

$$\frac{df(t)}{dt}=2e^{-2t}(\cos 2t+\sin 2t)-e^{-2t}(-2\sin 2t+2\cos 2t)$$

$$=2e^{-2t}(\cos 2t+\sin 2t+\sin 2t-\cos 2t)$$

$$=4e^{-2t}\sin 2t \tag{A2.18}$$

式(A2.18) から，$\frac{df(t)}{dt}=0$ とするのは

$$2t=0,\ \pi,\ 2\pi,\ 3\pi,\ 4\pi,\ \cdots \tag{A2.19}$$

のときであるから

$$t=0,\ \frac{\pi}{2},\ \pi,\ \frac{3\pi}{2},\ 2\pi,\ \cdots \tag{A2.20}$$

である。すなわち

$$t=\frac{n\pi}{2},\quad n=0,\ 1,\ 2,\ 3,\ \cdots \tag{A2.21}$$

のとき，単位ステップ応答は極値を取る。これを**図 A.1** に示す。

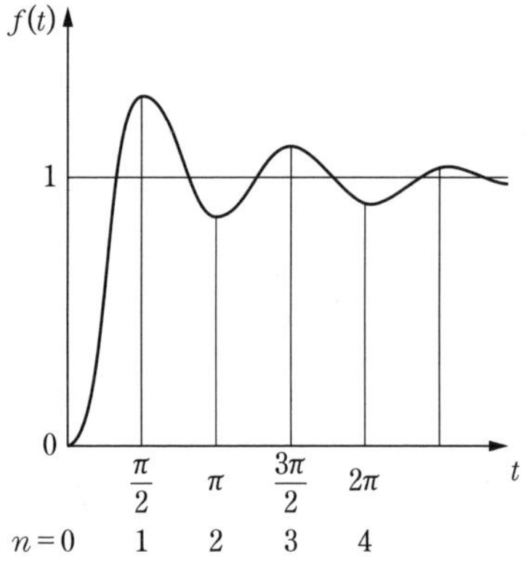

図 A.1

図 A.1 から，最大値となる時間，すなわち行き過ぎ時間 t_p は

$$t_p = \frac{\pi}{2} \tag{A2.22}$$

である。最大値は，つぎのように式(A2.22) を式(A2.17) に代入することで求めることができる。

$$\begin{aligned} f(t_p) &= 1 - e^{-2t_p}(\cos 2t_p + \sin 2t_p) \\ &= 1 - e^{-\pi}(\cos \pi + \sin \pi) \\ &= 1 + e^{-\pi} \end{aligned} \tag{A2.23}$$

したがって，最大行き過ぎ量は

$$e^{-\pi} = 0.043\,2 \tag{A2.24}$$

であり，これをパーセントで表せば，4.32 %である。

さらに詳しく

二次遅れ要素の標準形は次式となる。

$$G(s) = \frac{{\omega_n}^2}{s^2 + 2\zeta\omega_n s + {\omega_n}^2} \tag{A2.2 再掲}$$

ここで，$0<\zeta<1$ の場合の単位ステップ応答は

$$y(t) = 1 - \frac{1}{\sqrt{1-\zeta^2}} e^{-\zeta\omega_n t} \sin(\omega_n \sqrt{1-\zeta^2}\, t + \varphi) \tag{A2.25}$$

ただし

$$\varphi = \tan^{-1}\frac{\sqrt{1-\zeta^2}}{\zeta} \tag{A2.26}$$

で与えられる。以下において，最大値を求めてみよう。

式(A2.25) を微分するとつぎのようになる。

$$\begin{aligned}\frac{dy(t)}{dt} &= -\frac{1}{\sqrt{1-\zeta^2}}(e^{-\zeta\omega_n t})'\sin(\omega_n\sqrt{1-\zeta^2}\,t+\varphi) \\ &\quad -\frac{1}{\sqrt{1-\zeta^2}}e^{-\zeta\omega_n t}\{\sin(\omega_n\sqrt{1-\zeta^2}\,t+\varphi)\}' \\ &= \frac{\zeta\omega_n}{\sqrt{1-\zeta^2}}e^{-\zeta\omega_n t}\sin(\omega_n\sqrt{1-\zeta^2}\,t+\varphi) \\ &\quad -\omega_n e^{-\zeta\omega_n t}\cos(\omega_n\sqrt{1-\zeta^2}\,t+\varphi)\end{aligned} \tag{A2.27}$$

$\dfrac{dy(t)}{dt}=0$ から，次式を得る。

$$\frac{\zeta}{\sqrt{1-\zeta^2}}\sin(\omega_n\sqrt{1-\zeta^2}\,t+\varphi) = \cos(\omega_n\sqrt{1-\zeta^2}\,t+\varphi) \tag{A2.28}$$

ゆえに

$$\tan(\omega_n\sqrt{1-\zeta^2}\,t+\varphi) = \frac{\sqrt{1-\zeta^2}}{\zeta} \tag{A2.29}$$

となる。ところで，式(A2.29) の右辺は式(A2.26) から

$$\tan(\omega_n\sqrt{1-\zeta^2}\,t+\varphi) = \frac{\sqrt{1-\zeta^2}}{\zeta} = \tan\varphi \tag{A2.30}$$

となることがわかる。したがって，式(A2.30) を満たす条件式は

$$\omega_n\sqrt{1-\zeta^2}\,t = n\pi, \quad n=0,1,2,\cdots \tag{A2.31}$$

となる。すなわち，極値を与える時間 t_p は

$$t_p = \frac{n\pi}{\omega_n\sqrt{1-\zeta^2}}, \quad n=0,1,2,\cdots \tag{A2.32}$$

で表すことができる。

式(A2.25) に式(A2.32) を代入すれば，次式のように極値が与えられる。

$$y(t_p) = 1-\frac{1}{\sqrt{1-\zeta^2}}e^{-\zeta\omega_n t_p}\sin(\omega_n\sqrt{1-\zeta^2}\,t_p+\varphi)$$

$$=1-\frac{1}{\sqrt{1-\zeta^2}}\exp\left(-\frac{n\pi\zeta}{\sqrt{1-\zeta^2}}\right)\sin(n\pi+\varphi) \tag{A2.33}$$

ここで，式(A2.33) 右辺の正弦関数は加法定理から

$$\sin(n\pi+\varphi)=\sin n\pi\cos\varphi+\cos n\pi\sin\varphi \tag{A2.34}$$

となる。式(A2.26) は，三角形の関係から

$$\cos\varphi=\zeta,\quad \sin\varphi=\sqrt{1-\zeta^2} \tag{A2.35}$$

であり，また

$$\sin n\pi=0,\quad \cos n\pi=(-1)^n,\quad n=0,1,2,\cdots \tag{A2.36}$$

である。式(A2.35) と式(A2.36) を式(A2.34) に代入して

$$\sin(n\pi+\varphi)=(-1)^n\sqrt{1-\zeta^2} \tag{A2.37}$$

を得る。したがって，式(A2.33) は

$$y(t_p)=1-(-1)^n\exp\left(-\frac{n\pi\zeta}{\sqrt{1-\zeta^2}}\right),\quad n=0,1,2,\cdots \tag{A2.38}$$

と書くことができる。

単位ステップ応答の最大値は図 A.1 において $n=1$ のときなので，式(A2.38) からつぎのように求められる。

$$y(T_p)=1+\exp\left(-\frac{\pi\zeta}{\sqrt{1-\zeta^2}}\right) \tag{A2.39}$$

式(A2.39) は，二次遅れ要素標準形のステップス応答における最大値である。ここから定常値である 1 を引いた

$$y(T_p)-1=\exp\left(-\frac{\pi\zeta}{\sqrt{1-\zeta^2}}\right) \tag{A2.40}$$

をパーセントで表すことが多い。これを最大行き過ぎ量といい，減衰係数 ζ のみの関数として記述できていることが特徴である。

また，最大行き過ぎ量となる時間である，行き過ぎ時間 T_p は式(A2.32) に $n=1$ を代入して次式となる。

$$T_p=\frac{\pi}{\omega_n\sqrt{1-\zeta^2}} \tag{A2.41}$$

徳島大学大学院 先端技術科学教育部 博士前期課程

知的力学システム工学専攻
機械創造システム工学コース

平成30年度入試 (平成29年8月実施問題　抜粋)

試験問題　(自動制御理論)

図に示すフィードバック制御系において以下の問いに答えよ。

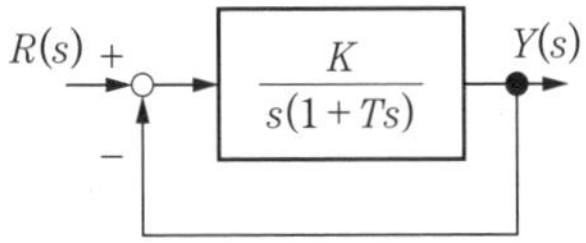

問1　閉ループ伝達関数 $\dfrac{Y(s)}{R(s)}$ は2次標準形 $\dfrac{{\omega_n}^2}{s^2+2\zeta\omega_n s+{\omega_n}^2}$ で表される。減衰係数 ζ と固有角周波数 ω_n を K, T を用いて示せ。

問2　開ループ伝達関数のベクトル軌跡の概形を書け。

問3　位相余裕が 45° となるときの条件を K, T を用いて示せ。

問1　解答

閉ループ伝達関数は

$$\frac{Y(s)}{R(s)}=\frac{\dfrac{K}{s(1+Ts)}}{1+\dfrac{K}{s(1+Ts)}}$$

$$=\frac{K}{s(1+Ts)+K}$$

$$= \frac{\dfrac{K}{T}}{s^2 + \dfrac{1}{T}s + \dfrac{K}{T}} \tag{A1.1}$$

である。ここで，K, T は正の実数とする。また，二次遅れ要素の標準形は

$$G(s) = \frac{{\omega_n}^2}{s^2 + 2\zeta\omega_n s + {\omega_n}^2} \tag{A1.2}$$

であるから，式(A1.1) と式(A1.2) の係数を比較することで

$$\frac{K}{T} = {\omega_n}^2 \tag{A1.3}$$

$$\frac{1}{T} = 2\zeta\omega_n \tag{A1.4}$$

を得る。

式(A1.3) から

$$\omega_n = \sqrt{\frac{K}{T}} \tag{A1.5}$$

である。また，式(A1.5) を式(A1.4) に代入して

$$\frac{1}{T} = 2\zeta\sqrt{\frac{K}{T}}$$

$$\therefore \quad \zeta = \frac{1}{2\sqrt{KT}} \tag{A1.6}$$

となる。

問2　解答

開ループ伝達関数

$$L(s) = \frac{K}{s(1+Ts)} \tag{A2.1}$$

の周波数伝達関数は

$$L(j\omega) = \frac{K}{j\omega(1+jT\omega)} \tag{A2.2}$$

または

$$L(j\omega) = \frac{K}{-T\omega^2 + j\omega} = -\frac{KT\omega^2}{(T\omega^2)^2 + \omega^2} - j\frac{K\omega}{(T\omega^2)^2 + \omega^2} \qquad \text{(A2.3)}$$

と書くことができる。

式(A2.2) から，ゲインと位相はつぎのように計算できる。

$$|L(j\omega)| = \frac{K}{\omega\sqrt{1 + (T\omega)^2}} \qquad \text{(A2.4)}$$

$$\angle L(j\omega) = \angle K - \angle j\omega - \angle(1 + jT\omega)$$
$$= 0 - 90 - \tan^{-1} T\omega \ \text{〔rad〕} \qquad \text{(A2.5)}$$

① $\omega \to 0$ のとき

式(A2.4) を使って

$$\lim_{\omega\to 0} |L(j\omega)| = \lim_{\omega\to 0} \frac{K}{\omega\sqrt{1 + (T\omega)^2}} = \infty \qquad \text{(A2.6)}$$

となる。また，式(A2.5) から

$$\angle L(j\omega) = 0 - 90 - 0 = -90 \ \text{〔rad〕} \qquad \text{(A2.7)}$$

となる。

② $\omega \to \infty$ のとき

式(A2.4) を使って

$$\lim_{\omega\to \infty} |L(j\omega)| = \lim_{\omega\to \infty} \frac{K}{\omega\sqrt{1 + (T\omega)^2}} = 0 \qquad \text{(A2.8)}$$

となる。また，式(A2.5) から

$$\angle L(j\omega) = 0 - 90 - 90 = -180 \ \text{〔rad〕} \qquad \text{(A2.9)}$$

となる。

③ $\omega > 0$ において

式(A2.3) から，$L(j\omega)$ の実部，虚部ともに負であり，どちらもゼロにならないことがわかる。すなわち，実軸，虚軸と交差するのは，式(A2.8) に示す，$\omega = \infty$ のときの原点収束に限る。

以上から，$\omega \to 0$ では虚軸の負方向に漸近する。つねに第三象限を移動し，$\omega \to \infty$ で実軸の負方向から原点に収束する。ベクトル軌跡の概形は**図 A.1** のようになる。

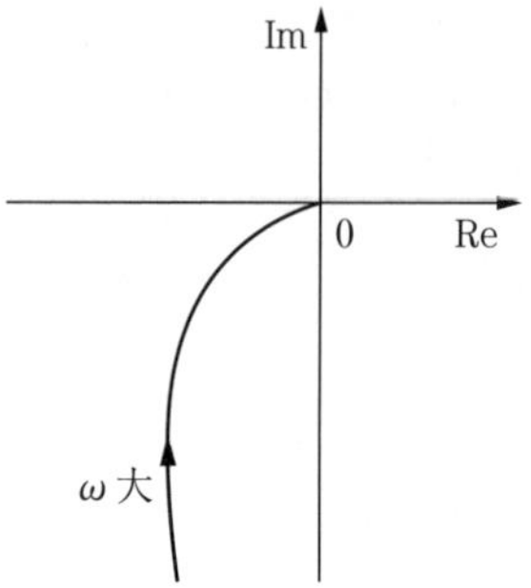

図 A.1

さらに詳しく

上記①，②の結果は，つぎの式(A2.10)を使っても導くことができる。

$$L(j\omega)=\frac{K}{T(j\omega)^2+j\omega} \tag{A2.10}$$

① $\omega\to 0$ のとき

$\omega^2 \ll \omega$ なので，式(A2.10)は

$$L(j\omega)=\frac{K}{j\omega} \tag{A2.11}$$

とみなすことができる。式(A2.11)から

$$\lim_{\omega\to 0}|L(j\omega)|=\lim_{\omega\to 0}\left|\frac{K}{j\omega}\right|=\lim_{\omega\to 0}\frac{K}{\omega}=\infty \tag{A2.12}$$

となり，また，式(A2.11)は分母が純虚数なので

$$\angle L(j\omega)=\angle\frac{K}{j\omega}=-90\ \text{〔deg〕} \tag{A2.13}$$

である。

② $\omega\to\infty$ のとき

$\omega^2 \gg \omega$ なので，式(A2.10)は

$$L(j\omega)=\frac{K}{T(j\omega)^2} \tag{A2.14}$$

とみなすことができる。式(A2.14)から

$$\lim_{\omega\to\infty}|L(j\omega)| = \lim_{\omega\to\infty}\left|\frac{K}{T(j\omega)^2}\right| = \lim_{\omega\to\infty}\frac{K}{T\omega^2} = 0 \tag{A2.15}$$

となり，また，式(A2.14) は，負の実数になるので

$$\angle L(j\omega) = \angle -\frac{K}{T\omega^2} = -180\,\text{〔deg〕} \tag{A2.16}$$

となる。

問 3　解答

位相余裕が 45 deg ということは，ゲイン交差角周波数 ω_{cg} のとき

$$L(j\omega) = -\frac{1}{\sqrt{2}} - j\frac{1}{\sqrt{2}} \tag{A3.1}$$

である。式(A3.1) と

$$L(j\omega) = -\frac{KT\omega^2}{(T\omega^2)^2+\omega^2} - j\frac{K\omega}{(T\omega^2)^2+\omega^2} \tag{A2.3 再掲}$$

$$|L(j\omega)| = \frac{K}{\omega\sqrt{1+(T\omega)^2}} \tag{A2.4 再掲}$$

から要求された条件を求めよう。

ゲイン交差角周波数 ω_{cg} のとき式(A2.3) の実部と虚部の値が等しいので

$$KT{\omega_{cg}}^2 = K\omega_{cg}$$

$$\therefore\quad \omega_{cg} = \frac{1}{T} \tag{A3.2}$$

が成り立つ。

また，ゲイン交差角周波数 ω_{cg} のとき

$$|L(j\omega)| = 1 \tag{A3.3}$$

なので，式(A2.4) より

$$\frac{K}{\omega_{cg}\sqrt{1+(T\omega_{cg})^2}} = 1 \tag{A3.4}$$

が成り立つ。

式(A3.4) に式(A3.2) を代入するとつぎのようになる。

$$\frac{K}{\frac{1}{T}\sqrt{1+1^2}}=1$$

$$\therefore \quad KT=\sqrt{2} \tag{A3.5}$$

さらに詳しく

導出した条件式(A3.5)を満足すれば，位相余裕が45 degとなることを確認しよう。

まず，ゲイン交差角周波数ω_{cg}を計算する。式(A3.4)のKに式(A3.5)を代入すると

$$\frac{\frac{\sqrt{2}}{T}}{\sqrt{{\omega_{cg}}^2+(T{\omega_{cg}}^2)^2}}=1 \tag{A3.6}$$

となる。式(A3.6)を変形することで，ω_{cg}を求めるためのつぎの四次方程式を得る。

$$T^4{\omega_{cg}}^4+T^2{\omega_{cg}}^2-2=0 \tag{A3.7}$$

式(A3.7)において$x={\omega_{cg}}^2$とおくと

$$T^4x^2+T^2x-2=0 \tag{A3.8}$$

となり，方程式(A3.8)を$x>0$の条件で解いて

$$x=\frac{-T^2\pm\sqrt{T^4+8T^4}}{2T^4}$$

$$=\frac{-T^2\pm 3T^2}{2T^4}=\frac{1}{T^2} \tag{A3.9}$$

を得る。したがってつぎのようになる。

$$\omega_{cg}=\frac{1}{T} \tag{A3.10}$$

ところで，$L(j\omega)$は

$$L(j\omega)=-\frac{KT\omega^2}{(T\omega^2)^2+\omega^2}-j\frac{K\omega}{(T\omega^2)^2+\omega^2} \tag{A2.3 再掲}$$

であるから，式(A2.3)に式(A3.5)と式(A3.10)を代入するとつぎのようになる。

$$L(j\omega_{cg}) = -\frac{\dfrac{\sqrt{2}}{T}\times T\times\dfrac{1}{T^2}}{\left(T\times\dfrac{1}{T^2}\right)^2+\dfrac{1}{T^2}} - j\frac{\dfrac{\sqrt{2}}{T}\times\dfrac{1}{T}}{\left(T\times\dfrac{1}{T^2}\right)^2+\dfrac{1}{T^2}}$$

$$= -\frac{\dfrac{\sqrt{2}}{T^2}}{\dfrac{1}{T^2}+\dfrac{1}{T^2}} - j\frac{\dfrac{\sqrt{2}}{T^2}}{\dfrac{1}{T^2}+\dfrac{1}{T^2}}$$

$$= -\frac{\sqrt{2}}{2} - j\frac{\sqrt{2}}{2} = -\frac{1}{\sqrt{2}} - j\frac{1}{\sqrt{2}} \qquad \text{(A3.11)}$$

式(A3.11) は式(A3.1) に一致している。すなわち，$\omega=\omega_{cg}=1/T$ において

$$|L(j\omega)|=1 \qquad \text{(A3.12)}$$

$$\angle L(j\omega) = -135\ \text{〔deg〕} \qquad \text{(A3.13)}$$

であり，位相余裕が 45 deg となる。

徳島大学大学院 先端技術科学教育部 博士前期課程

知的力学システム工学専攻
機械創造システム工学コース

平成 29 年度入試 （平成 28 年 8 月実施問題　抜粋）

試験問題　（自動制御理論）

第 1 問　**図 1** はボード線図（ゲイン線図）の折れ線近似を示す。以下の問いに答えよ。

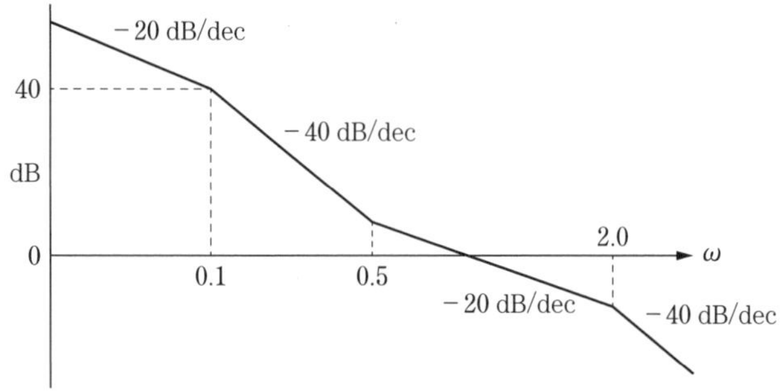

図 1

（1）　伝達関数を求めよ。但し，定常ゲインの計算では，折れ線近似において，$\omega = 0.1$ rad/s で 40 dB となることを用いよ。

（2）（1）で求めた伝達関数において，$\omega = 0$ rad/s での位相は何度か，また，$\omega = \infty$ rad/s での位相は何度に漸近するか。

第2問　**図2**に示す直結フィードバック制御系において，以下の問いに答えよ。

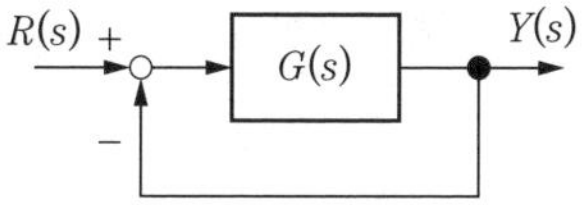

図2

（1）　$G(s)=\dfrac{10}{s(1+0.1s)}$ のとき，閉ループ伝達関数の減衰係数 ζ と固有角周波数 ω_n を求めよ。

（2）　インパルス応答 $y(t)$ を求めよ。

（3）　位相余裕を求めよ。

第1問　解答

(1)

低周波数領域に存在する傾きが－20 dB/dec の直線を，比例要素 $G_1(s)=K$ と積分要素 $G_2(s)=\dfrac{1}{T_2 s}$ の積で表現することを試みる。

図A.1に示すように，積分要素が角周波数 $\omega=0.1$〔rad/s〕のときに 0 dB となるようにすれば，そのときのゲインの値 40 dB は，すべて比例要素に任すことができる。

比例要素 $G_1(s)=K$ のゲインが 40 dB であるから

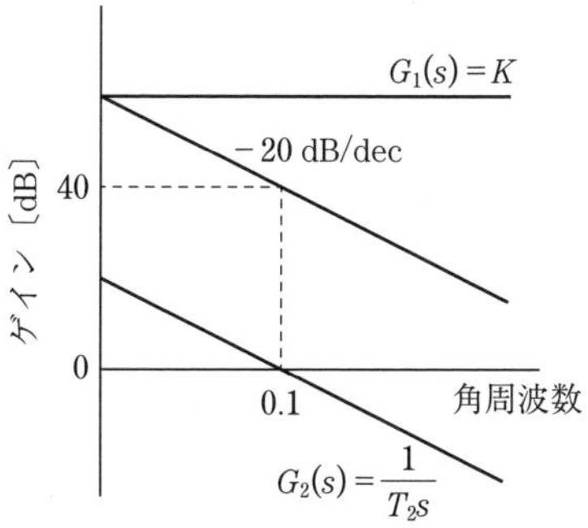

図A.1

$$20\log_{10}K = 40 = 20\log_{10}10^2$$

$$\therefore \quad K = 100 \tag{A1.1}$$

と求まる。また，積分要素の横軸切片が $\omega = 0.1$〔rad/s〕であるから，$\dfrac{1}{T_2} = 0.1$ と求まる。これより

$$G_1(s) = 100, \quad G_2(s) = \frac{1}{10s} \tag{A1.2}$$

であることがわかった。

図1では，$\omega = 0.1$〔rad/s〕より高周波数領域において，ゲインの傾きが -40 dB/dec と -20 dB/dec を繰り返している。これはその都度，一次遅れ要素と一次進み要素が加わったとみなすことができる。その様子を**図 A.2** に示す。

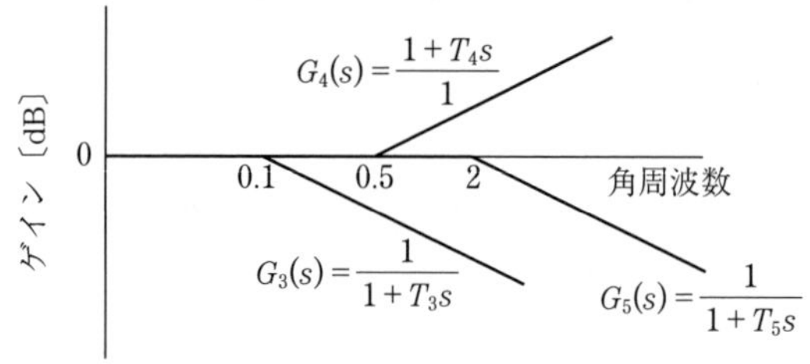

図 A.2

図 A.2 の $G_3(s) = \dfrac{1}{1 + T_3 s}$，$G_4(s) = \dfrac{1 + T_4 s}{1}$，$G_5(s) = \dfrac{1}{1 + T_5 s}$ それぞれの折れ点角周波数は，0.1，0.5，2 rad/s なので，$T_3 = 10$，$T_4 = 2$，$T_5 = 0.5$ であることがわかる。したがってつぎのようになる。

$$G_3(s) = \frac{1}{1 + 10s}, \quad G_4(s) = \frac{1 + 2s}{1}, \quad G_5(s) = \frac{1}{1 + 0.5s} \tag{A1.3}$$

以上から，所望の伝達関数 $G(s)$ は

$$\begin{aligned} G(s) &= G_1(s)G_2(s)G_3(s)G_4(s)G_5(s) \\ &= 100 \times \frac{1}{10s} \times \frac{1}{1 + 10s} \times \frac{1 + 2s}{1} \times \frac{1}{1 + 0.5s} \\ &= \frac{100(1 + 2s)}{10s(1 + 10s)(1 + 0.5s)} \end{aligned}$$

$$=\frac{10(1+2s)}{s(1+10s)(1+0.5s)} \qquad \text{(A1.4)}$$

となる。

さらに詳しく

$\omega=0.1$〔rad/s〕より低周波数領域にある傾きが－20 dB/decの直線を，図A.1に示すように比例要素 $G_1(s)=K$ と積分要素 $G_2(s)=\dfrac{1}{T_2 s}$ の積で表現した。

ここでは，異なる接近法を紹介しよう。それは，**図 A.3** にあるように，積分要素一つで表現する方法である。この場合は積分時間 T_I を使う $G_1(s)=\dfrac{1}{T_I s}$ ではなく，積分ゲイン K_I を使う $G_1(s)=\dfrac{K_I}{s}$ で表すほうが扱いやすい。

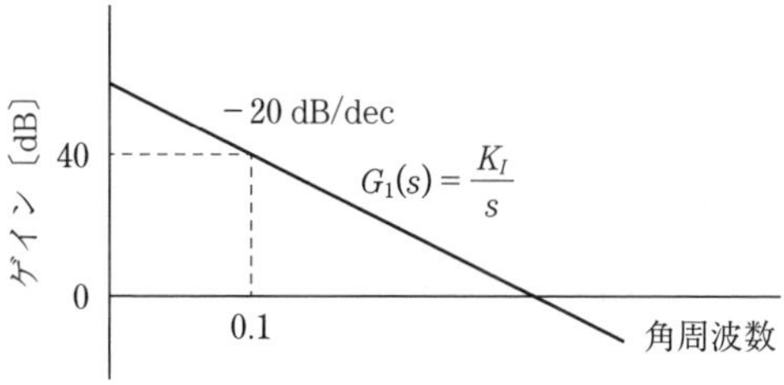

図 A.3

周波数伝達関数は

$$G_1(j\omega)=\frac{K_I}{j\omega} \qquad \text{(A1.5)}$$

なので

$$|G_1(j\omega)|=\frac{K_I}{\omega} \qquad \text{(A1.6)}$$

となる。角周波数 $\omega=0.1$〔rad/s〕のときに40 dBとなる条件から，次式が成り立つ。

$$20\log_{10}\frac{K_I}{0.1}=40=20\log_{10}10^2 \qquad \text{(A1.7)}$$

式(A1.7) を解いて

$$K_I = 10 \tag{A1.8}$$

を得る。よって，所望の積分要素はつぎのようになる。

$$G_1(s) = \frac{10}{s} \tag{A1.9}$$

図 A.4 に示す折れ線で近似したゲイン特性曲線から，伝達関数を推定してみよう。

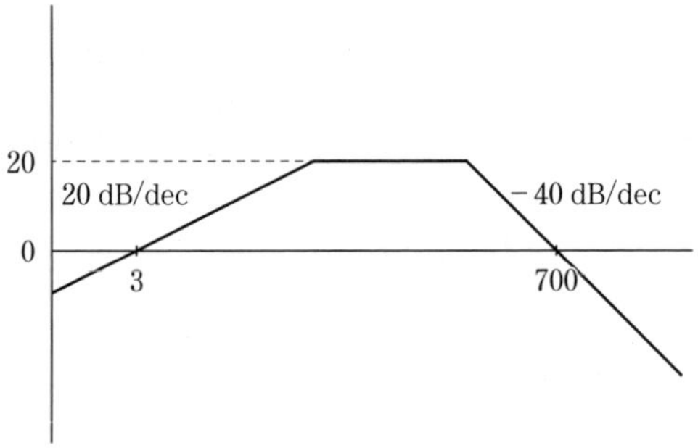

図 A.4

図 A.5 に示すように $G_1(s) = T_D s$，$G_2(s) = \dfrac{1}{1+T_2 s}$，$G_3(s) = \left(\dfrac{1}{T_I s}\right)^2$，$G_4(s) = \left(\dfrac{1}{1+T_4 s}\right)^2$ に分解して考える。ただし，$G_3(s) = \left(\dfrac{1}{T_I s}\right)^2$ は，図 A.5 中の角周波数 ω_2 を求めるのに用いるだけである。

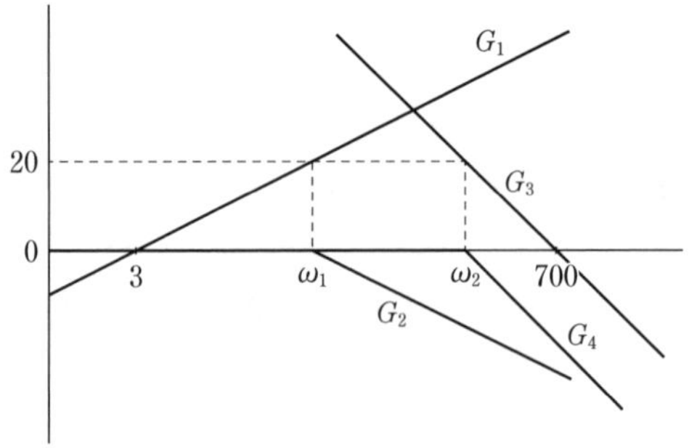

図 A.5

微分要素 $G_1(s)=T_D s$ の横軸切片に着目して，$\dfrac{1}{T_D}=3$ から，$G_1(s)=\dfrac{s}{3}$ となる。この微分要素のゲインは $20\log_{10}\dfrac{\omega}{3}$ なので，$\omega=\omega_1$ のとき 20 dB の条件から

$$20\log_{10}\frac{\omega_1}{3}=20=20\log_{10}10 \tag{A1.10}$$

が成り立ち，$\omega_1=30$ であることがわかる。よって，$G_2(s)=\dfrac{1}{1+T_2 s}$ の折れ点角周波数が 30 rad/s であるから，$G_2(s)=\dfrac{1}{1+\dfrac{s}{30}}$ となる。

つぎに，$G_3(s)=\left(\dfrac{1}{T_I s}\right)^2$ に着目しよう。$G_3(s)$ の横軸切片が $\omega=700$ であるから，$\dfrac{1}{T_I}=700$ より，$G_3(s)=\left(\dfrac{700}{s}\right)^2$ となる。$G_3(s)$ のゲインは，$\omega=\omega_2$ のとき 20 dB の条件から次式が成立する。

$$20\log_{10}\left(\frac{700}{\omega_2}\right)^2=20=20\log_{10}10 \tag{A1.11}$$

式(A1.11) を解いて，$\omega_2=221$ を得る。よって，$G_4(s)=\left(\dfrac{1}{1+T_4 s}\right)^2$ の折れ点角周波数が 221 rad/s であるから，$G_4(s)=\dfrac{1}{\left(1+\dfrac{s}{221}\right)^2}$ となる。

したがって，求める伝達関数は

$$\begin{aligned} G(s)&=G_1(s)G_2(s)G_4(s)\\ &=\frac{s}{3}\times\frac{1}{1+\dfrac{s}{30}}\times\frac{1}{\left(1+\dfrac{s}{221}\right)^2}=\frac{s}{3\left(1+\dfrac{s}{30}\right)\left(1+\dfrac{s}{221}\right)^2} \end{aligned} \tag{A1.12}$$

である。

---

(2)

伝達関数は

$$G(s)=\frac{10(1+2s)}{s(1+10s)(1+0.5s)} \qquad \text{(A1.4 再掲)}$$

であるから，その周波数伝達関数は

$$G(j\omega)=\frac{10(1+j2\omega)}{j\omega(1+j10\omega)(1+j0.5\omega)} \qquad \text{(A1.13)}$$

となる。式(A1.13) の位相はつぎの式で計算できる。

$$\begin{aligned}\angle G(j\omega)&=\angle 10+\angle(1+j2\omega)-\angle j\omega-\angle(1+j10\omega)-\angle(1+j0.5\omega)\\&=0+\angle(1+j2\omega)-90-\angle(1+j10\omega)-\angle(1+j0.5\omega)\\&=\tan^{-1}2\omega-90-\tan^{-1}10\omega-\tan^{-1}0.5\omega \text{〔deg〕}\end{aligned} \qquad \text{(A1.14)}$$

$\omega=0$〔rad/s〕のとき式(A1.14) は

$$\angle G(j\omega)=0-90-0-0=\underline{\underline{-90\text{〔deg〕}}} \qquad \text{(A1.15)}$$

となる。また，$\omega=\infty$〔rad/s〕のとき式(A1.14) は

$$\angle G(j\omega)=90-90-90-90=\underline{\underline{-180\text{〔deg〕}}} \qquad \text{(A1.16)}$$

となる。

第2問　解答

(1)

フィードバック制御系の伝達関数を計算すると

$$\begin{aligned}\frac{Y(s)}{R(s)}&=\frac{\dfrac{10}{s(1+0.1s)}}{1+\dfrac{10}{s(1+0.1s)}}\\&=\frac{10}{s(1+0.1s)+10}\\&=\frac{100}{s^2+10s+100}\end{aligned} \qquad \text{(A2.1)}$$

と求まる。また，二次遅れ要素の標準形は

$$G(s)=\frac{K\omega_n{}^2}{s^2+2\zeta\omega_n s+\omega_n{}^2} \qquad \text{(A2.2)}$$

であるから，式(A2.1) と式(A2.2) の係数を比較することで

$$K=1 \qquad \text{(A2.3)}$$

$$\omega_n = 10 \ \text{〔rad/s〕} \tag{A2.4}$$

$$2\zeta\omega_n = 10 \tag{A2.5}$$

が成り立つ。式(A2.5) から

$$\zeta = 0.5 \tag{A2.6}$$

を得る。

(2)

目標値 $R(s)$ に単位インパルス信号が入力されたときの制御量 $Y(s)$ は

$$Y(s) = \frac{100}{s^2 + 10s + 100} \cdot 1 \tag{A2.7}$$

である。式(A2.7) をつぎのように変形する。

$$\begin{aligned} Y(s) &= \frac{100}{s^2 + 10s + 100} = \frac{100}{(s+5)^2 + 75} \\ &= \frac{100}{5\sqrt{3}} \times \frac{5\sqrt{3}}{(s+5)^2 + (5\sqrt{3})^2} \\ &= \frac{20}{\sqrt{3}} \times \frac{5\sqrt{3}}{(s+5)^2 + (5\sqrt{3})^2} \end{aligned} \tag{A2.8}$$

式(A2.8) を逆ラプラス変換して

$$y(t) = \frac{20}{\sqrt{3}} e^{-5t} \sin 5\sqrt{3}\, t \tag{A2.9}$$

となる。

(3)

開ループ伝達関数

$$G(s) = \frac{10}{s(1 + 0.1s)} = \frac{100}{s(s+10)} \tag{A2.10}$$

の周波数伝達関数は

$$G(j\omega) = \frac{100}{j\omega(j\omega + 10)} = \frac{100}{-\omega^2 + j10\omega} \tag{A2.11}$$

であるから，そのゲインは次式となる。

$$|G(j\omega)| = \frac{100}{\sqrt{\omega^4 + 100\omega^2}} \tag{A2.12}$$

以下において，$|G(j\omega)|=1$ とする角周波数 ω_{cg} を求める。式(A2.12) から

$$\omega^4+100\omega^2-10\,000=0 \tag{A2.13}$$

を解けばよいことがわかる。式(A2.13) で

$$x=\omega^2 \tag{A2.14}$$

とおくことで，つぎの方程式となる。

$$x^2+100x-10\,000=0 \tag{A2.15}$$

解は

$$x=-50\pm\sqrt{12\,500}=-50\pm111.8 \tag{A2.16}$$

となるから，$\omega_{cg}{}^2=61.8$ より

$$\omega_{cg}=7.86\ \text{〔rad/s〕} \tag{A2.17}$$

と求められる。

式(A2.17) を式(A2.11) に代入すると

$$G(j\omega_{cg})=\frac{100}{-\omega_{cg}{}^2+j10\omega_{cg}}=\frac{100}{-61.8+j78.6} \tag{A2.18}$$

となる。式(A2.18) から位相 $\theta(\omega_{cg})$ は次式のように計算される。

$$\begin{aligned}\theta(\omega_{cg})&=\angle G(j\omega_{cg})=-\angle(-61.8+j78.6)\\&=-\tan^{-1}\frac{78.6}{-61.8}=-128.2\ \text{〔deg〕}\end{aligned} \tag{A2.19}$$

したがって，位相余裕 ϕ_m は

$$\begin{aligned}\phi_m&=\theta(\omega_{cg})-(-180)\\&=-128.2+180=\underline{51.8\ \text{〔deg〕}}\end{aligned} \tag{A2.20}$$

と求められる。

参　考　文　献

1）　森　泰親：大学講義テキスト　古典制御，コロナ社（2020）

2）　森　泰親：大学講義テキスト　現代制御，コロナ社（2020）

3）　市川邦彦：自動制御の理論と演習，産業図書（1962）

4）　若山伊三雄：例題演習　自動制御入門，産業図書（1964）

5）　鈴木　隆：自動制御理論演習，学献社（1969）

6）　添田　喬，中溝高好：自動制御の講義と演習，日新出版（1988）

7）　森　泰親：演習で学ぶ基礎制御工学，森北出版（2004）

8）　森　泰親：演習で学ぶ基礎制御工学　実践編，森北出版（2021）

9）　森　泰親：演習で学ぶ現代制御理論，森北出版（2003）

10）　森　泰親：演習で学ぶ PID 制御，森北出版（2009）

――著者略歴――

1976 年　早稲田大学理工学部電気工学科卒業
1981 年　早稲田大学大学院理工学研究科博士課程修了（電気工学専攻）
　　　　工学博士
1981 年　株式会社東芝総合研究所勤務
1988 年　埼玉大学助教授
1992 年　防衛大学校助教授
1999 年　防衛大学校教授
2003 年　東京都立科学技術大学教授
2005 年　首都大学東京教授（校名変更）
2018 年　首都大学東京（現　東京都立大学）名誉教授
2018 年　交通システム電機株式会社 取締役副社長
　　　　現在に至る

電気学会上級会員（2005 年）
計測自動制御学会フェロー（2010 年）

著　書　制御理論の基礎と応用（共著，産業図書，1995）
大学講義シリーズ　制御工学（コロナ社，2001）
演習で学ぶ現代制御理論（森北出版，2003）
演習で学ぶ基礎制御工学（森北出版，2004）
演習で学ぶ PID 制御（森北出版，2009）
演習で学ぶディジタル制御（森北出版，2012）
わかりやすい現代制御理論（森北出版，2013）
大学講義テキスト　古典制御（コロナ社，2020）
大学講義テキスト　現代制御（コロナ社，2020）
演習で学ぶ基礎制御工学　実践編（森北出版，2021）

大学院入試徹底対策テキスト　制御工学

Workbook for Graduate School Entrance Examination, Control Engineering

2021 年 12 月 17 日　初版第 1 刷発行　★

検印省略

著　者　森《もり》　泰《やす》　親《ちか》
発行者　株式会社　コロナ社
　　　　代表者　牛来真也
印刷所　美研プリンティング株式会社
製本所　有限会社　愛千製本所

112-0011　東京都文京区千石 4-46-10
発行所　株式会社　コロナ社
CORONA PUBLISHING CO., LTD.
Tokyo Japan
振替00140-8-14844・電話(03)3941-3131(代)
ホームページ　https://www.coronasha.co.jp

ISBN 978-4-339-03236-9　C3053　Printed in Japan　（齋藤）